奇妙的
动植物世界

生物百科

曾经存在过的动物

王 建 编著

中州古籍出版社

图书在版编目(CIP)数据

曾经存在过的动物 / 王建编著. — 郑州 : 中州古籍出版社, 2016.2
ISBN 978-7-5348-5965-6

Ⅰ. ①曾… Ⅱ. ①王… Ⅲ. ①濒危动物-普及读物
Ⅳ. ①Q958.1-49

中国版本图书馆 CIP 数据核字(2016)第 037029 号

策划编辑：吴　浩
责任编辑：翟　楠　唐志辉
装帧设计：严　潇
图片提供：fotolia
出版社：中州古籍出版社
(地址：郑州市经五路 66 号　电话：0371—65788808　65788179
邮政编码：450002)
发行单位：新华书店
承印单位：河北鹏润印刷有限公司
开本：710mm×1000mm　1/16
印张：8　字数：99 千字
版次：2017 年 2 月第 1 版　印次：2017 年 7 月第 2 次印刷

定价：27.00 元

前 言 PREFACE

广袤太空，神秘莫测；大千世界，无奇不有；人类历史，纷繁复杂；个体生命，奥妙无穷。我们所生活的地球是一个灿烂的生物世界。小到显微镜下才能看到的微生物，大到遨游于碧海的巨鲸，它们都过着丰富多彩的生活，展示了引人入胜的生命图景。

生物又称生命体、有机体，是有生命的个体。生物最重要和最基本的特征是能够进行新陈代谢及遗传。生物不仅能够进行合成代谢与分解代谢这两个相反的过程，而且可以进行繁殖，这是生命现象的基础所在。自然界是由生物和非生物的物质和能量组成的。无生命的物质和能量叫做非生物，而是否有新陈代谢是生物与非生物最本质的区别。地球上的植物约有50多万种，动物约有150多万种。多种多样的生物不仅维持了自然界的持续发展，而且构成了人类赖以生存和发展的基本条件。但是，现存的动植物种类与数量急剧减少，只有历史峰值的十分之一左右。这迫切需要我们行动起来，竭尽所能保护现有的生物物种，使我们的共同家园更美好。

本书以新颖的版式设计、图文并茂的编排形式和流畅有趣的语言叙述，全方位、多角度地探究了多领域的生物，使青少年体验到不一样的阅读感受和揭秘快感，为青少年展示出更广阔的认知视野和想象空间，满足其探求真相的好奇心，使其在获得宝贵知识的同时享受到愉悦的精神体验。

生命正是经过不断演化、繁衍、灭绝与复苏的循环，才形成了今天这样千姿百态、繁花似锦的生物界。人的生命和大自然息息相关，就让我们随着这套书走进多姿多彩的大自然，了解各种生物的奥秘，从而踏上探索生物的旅程吧！

目　录 CONTENTS

第一章 古生代

古生代是地质时代中的一个时期，古生代包括了寒武纪、奥陶纪、志留纪、泥盆纪、石炭纪、二叠纪。泥盆纪、石炭纪、二叠纪又合称晚古生代。动物群以海生无脊椎动物中的三叶虫、软体动物和棘皮动物最为繁盛。在奥陶纪、志留纪、泥盆纪、石炭纪，相继出现低等鱼类、古两栖类和古爬行类动物。鱼类在泥盆纪达到全盛。石炭纪和二叠纪的昆虫及两栖类繁盛。古植物以海生藻类为主。

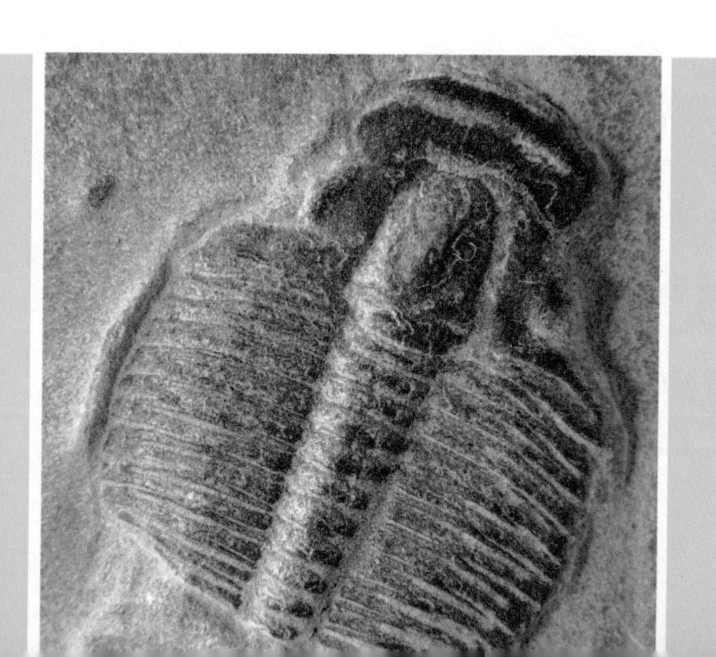

寒武纪动物

寒武纪开始于5.45亿年前，结束于4.95亿年前。这一时期大地构造活动相对稳定，是从前寒武纪末的大陆分裂到古生代晚期大陆增长的过渡期。地球上气候温暖，海平面升高，出现了众多的生物类群。寒武纪地层中的化石包括了现今大多数动物门的最古老的代表，它们或具有矿化物的外壳，或具有骨骼。除了在海底异常活跃的三叶虫外，寒武纪较为重要的动物类型还有环节动物类、腕足类、脊索动物类、软体动物类、海绵类等。

寒武纪生物大爆炸

在寒武纪时期，生命进化出现

飞跃式的发展，几乎所有现代生物的祖先都在这一时期出现。这一情形被形象地称为“生命大爆炸”，也称为“寒武纪生命大爆炸”。

许多科学家认为“寒武纪生命大爆炸”确实是存在的，只是不像人们想象的那么突然。

也有许多种类的生物在大爆炸之前已经出现了，只不过因为身体柔软没有留下痕迹。

“寒武纪生命大爆炸”可能是由于氧气含量的变化或海底的变化引起的，也可能是生命达到某种临界点而引发的连锁反应，以致数量众多的新物种应运而生。

脊椎动物的出现

生物学家把动物界总的分为脊椎动物和无脊椎动物两大类。寒武纪时期出现了大批带硬壳的无脊椎动物。1999年，中国科学家在岩石中找到了两块寒武纪初期的脊椎动物化石，距今约有5.3亿年，由此证明在寒武纪时，已经出现了很简单的脊椎动物。

脊椎动物属于脊椎动物亚门，特征为具有由许多脊椎骨连接而成的脊柱，包括鱼类、两栖类、爬行类、鸟类和哺乳类。

三叶虫

三叶虫是最有代表性的远古动物，出现于距今约5.4亿年前的寒武纪，5亿～4.3亿年前发展到高峰，至2.4亿年前的二叠纪完全灭绝，前后在地球上生存了3亿多年，可见这是一类生命力极强的生物。在漫长的时间长河中，它们演化出繁多的种类，有的长约70厘米，有的只有约2毫米。背壳纵分为三部分，因此名为三叶虫。

三叶虫与珊瑚、海百合、腕足动物、头足动物等共生。大多适应于浅海底栖爬行或以半游泳生活，还有一些在远洋中游泳或远洋中漂浮生活。生活习性的不同决定着其身体构造不同。底栖三叶虫身体扁平，有的三叶虫可钻入泥沙生活，其头部结构坚硬，前缘形似扁铲，便

史前动物档案

中文名称：三叶虫

生存年代：约5.4亿年前～约2.4亿年前

生物学分类：三叶虫

主要化石产地：欧洲、亚洲、北美洲

体形特征：身体分节。边缘带刺

食性：海中微生物

于挖掘；有的头甲愈合，肋刺发育，尾小，具尖末刺，用以在泥沙中推进。另外，适于在松软或淤泥海底爬行生活的三叶虫，其肋刺和尾刺均很发达，使身体不易陷入泥中；而漂浮生活的类型，往往身体长满纤细的长刺。它们以原生动物、海绵动物、腔肠动物、腕足动物等的尸体或海藻等细小生物为食。

奥陶纪动物

奥陶纪是古生代的第二个纪，距今4.95亿年至4.4亿年，此时期形成的地层叫奥陶系。“奥陶”原是英国威尔士的一个古代民族名。在奥陶纪开始时，动物仅生活在海洋中，可奥陶纪结束时，动物已经向陆地迈出了试探性的一步。奥陶纪时期的海生动物空前发展，脊椎动

物是海底的绝对霸主。化石以三叶虫、笔石、腕足类、棘皮动物中的海林檎类、软体动物中的鹦鹉螺类最常见，珊瑚、苔藓虫、海百合和矛形石等也很多。节肢动物中的板足鲎类和脊椎动物中的无颌类等均已出现。

填补生物真空

奥陶纪开始时出现了大量的生物真空，但是这真空很快便由生物进化填补上了。填补这一空缺的动物主要是鹦鹉螺类软体动物。和早期身体柔软的动物不同，鹦鹉螺类软体动物的生活范围不囿于海底，它们还会在海中游泳，能够从体腔向后喷射水流推动身体向前猛冲。

向陆地进发

随着海洋中动物的增多，生存环境也变得艰难起来，迫使有些动物到淡水和岸边的沼泽浅滩另寻出路。节肢动物已经发育出覆盖全身的甲壳，这可以防止水分的流失，所以它们就成了第一批开拓者。泥浆化石中的遗迹显示，节肢动物很可能在4.5亿年前就已经开始出现。

滤食动物

滤食动物是奥陶纪时期的主要动物种类之一，包括形似苔藓的苔藓动物类、双壳类和珊瑚等。珊瑚会形成珊瑚礁，供游泳的软体动物和其他各种动物栖息，三叶虫也在此时大幅演进，产生了会游泳并有巨大眼睛的类型。滤食动物以水中浮游生物为食。

牙形石

牙形石化石大多为圆锥形，形态随着时间的推移而不断演进。因为有些化石有V形肌隔和脊索的痕迹，所以许多科学家认为牙形石的动物属脊椎动物。然而三叠纪末期，牙形石即从化石记录中消失，表示这一族群已经灭绝。

笔石类

笔石类动物最早出现在寒武纪，但是多数类群在奥陶纪期间崛

起。笔石类会群集组成弧形串连的杯状结构，称为胞管。每个胞管中都住了一只滤食性软体动物，称为个体。直笔石属是常见的笔石类，其集群有两条平行胞管。

类似植物的动物

奥陶纪时新问世的苔藓虫是一种微小的无脊椎动物，由类似盒子的骨骼保护着。它们成群生长，组成的形状类似植物。类似植物的动物还有海百合，它长着白垩盘构成的长茎，可以用来集拢食物。后来，有些海百合摆脱了静止状态，开始在水中自由活动。

直角石

直角石不同于这类软体动物的许多其他种类。它嘴巴四周长有十条左右的腕，腕的腹面有许多小吸盘，小动物一经接触，就被它吸住吞食。

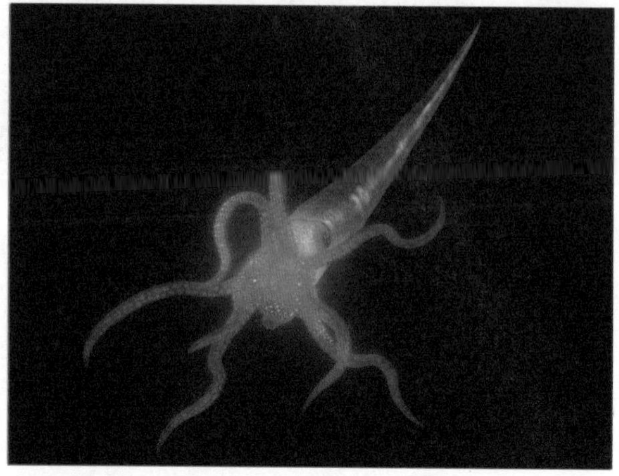

史前动物档案

中文名称：直角石

生存年代：5.1亿年前至4.39亿年前

生物学分类：头足类

主要化石产地：世界各地

体形特征：5厘米至1米，壳内有很多腔室

食性：小型海洋动物

志留纪动物

志留纪开始于4．4亿年前，当时地球上的气候转暖，渐趋稳定。这一时期是地球历史上很重要的一段，生物从有史以来最大的一次浩劫中再次兴起，出现了有颌骨的鱼和陆生植物，到志留纪结束时，陆生植物的分布已经十分广泛了。海生无脊椎动物在志留纪时仍占重要地位，但各门类的种属更替和内部组成都有所变化。脊椎动物中，无颌类进一步发展，同时，有颌的盾皮鱼类和棘鱼类也开始出现，这在脊椎动物的演化上是一重大事件。节肢动物中的板足鲎在海洋中广泛分布，海百合类也大量出现了。

有颌骨的鱼

最早期的鱼类是没有颌骨的，这让鱼类的摄食很不方便。有些鱼的嘴像勺子那样舀起沉积物，还有些鱼把嘴当做吸盘，吸附在食物上。有颌骨的鱼是在志留纪早期出现的，首先是一种叫棘鲨的鱼，它的第一对腮的支撑物逐渐演化为上下颌骨。和无颌骨的鱼不同，这种鱼可以用颌骨作为攻击猎物的武器，还可将食物咬撕成碎片，这样摄取食物方便多了。

海蝎类

海蝎类是志留纪时的节肢动物类群，有着长尾巴，许多还具有大型钳爪，很可能以捕食动物或以腐肉为食。和现代大多数节肢动物一样，它们也有复眼，善于发现运动的物体。

海百合类

海百合类是志留纪海域中的重要动物，在深水中有许多物种存活至今。它们会以圆柱形长柄着生于海床上，头部有触手可以采集海中的浮游生物和悬浮生物。网海百合是小型的海百合类动物，在志留纪时分布于今天的欧洲和美洲。

邓氏鱼

邓氏鱼身体长8～10米，重量可达约4吨，被视为该时代最大的海洋猎食者，其主要食粮是有硬壳保护的鱼类及无脊椎动物。它有着已

史前动物档案

中文名称：邓氏鱼

生存年代：志留纪晚期——泥盆纪晚期

生物学分类：节甲鱼类

主要化石产地：非洲、波兰、比利时、美国

体形特征：身长约9米，强有力的颌部长有剪刀状的利刃

食性：其他鱼类

知地球上存在过的生物中最大的咬合力和惊人的吸力，位于当时海洋的食物链顶端，能一口将鲨鱼咬成两半，可以捕食海洋里的任何一种生物。它很可能是地球上第一个“百兽之王”，它的存在比陆上第一只恐龙的诞生还要早1.75亿年。然而，巨大的身躯和体形极大地影响了邓氏鱼的运动速度和灵敏度，这使得它在进化过程中渐渐输给了小小的鲨鱼和其他肉食鱼类。再加上地球的环境变化，邓氏鱼最终渐渐离开了生物繁衍进化的舞台。

泥盆纪动物

泥盆纪是古生代的第四个纪，指4.17亿年前至3.54亿年前的地质年期。泥盆纪时，海陆的分布发生了巨大的变化，出现了各种不同形式的动物群和植物群。因泥盆纪出现了许多类型的原始鱼类，该纪也被称为“鱼类时代”。在泥盆纪的浅海中，无脊椎动物的数量和种类还在明显增加。此时水生脊椎动物在飞速发展，出现了各种类别的

鱼，如盾皮鱼类、总鳍鱼类、胴甲鱼类、肺鱼类等。因此，泥盆纪有“鱼类时代”之称。

会“走”的鱼

泥盆纪时有相当多的鱼头部有甲胄，这虽然可以使它们有效地防御敌害，但也使它们无法离开水底自由游动。不过有一种沟鳞鱼生有狭窄的胸鳍，能够用鳍在水底保持平衡，或沿河底“行走”。

软骨鱼和硬骨鱼

在泥盆纪的海洋里，还生活着软骨鱼和硬骨鱼，它们都没有甲胄。软骨鱼的体表覆盖着一层细小、粗糙的鳞片，被称为小齿鳞，牙床骨上扩大的小齿鳞形成能不断生长的利齿。硬骨鱼类通常体形较小，鳞片逐渐变薄、变轻，有可充气的鳔。

骨皮鱼

骨皮鱼是总鳍鱼类的一种，全长约70厘米，头骨与两栖类相似，齿的剖面也近似两栖类。

肺鱼

肺鱼生活在泥盆纪早期的热带水域中。这种鱼有腮，但水中氧气较少时可以用鳔直接呼吸空气。这是一种进化，在温暖的死水中尤为重要，因为其他鱼会窒息而死。双鳍鱼是最早出现的肺鱼类之一，体长约50厘米，身体呈柱形，尾巴上翘。其化石发现于欧洲和北美洲。

总鳍鱼类

总鳍鱼类也是泥盆纪海洋中的成员，它们的鳍的近端呈板状，有厚厚的皮肉，鳍内有骨骼。四足脊椎动物是由总鳍鱼类进化来的，但是生活在水中的总鳍鱼并没有全部进化为陆生动物，肺鱼和腔棘鱼直到今天仍生活在淡水或海水中。

最早的两栖动物

鱼石螈和复棘螈可能是最早的两栖动物的代表。它们的身体像鱼一样修长，尾巴是类似鱼类的蹼尾。它们既通过肺也通过皮肤呼吸，有四肢，骨骼强化了，可能是为了在陆地生活中用骨架支撑体重。

鱼石螈

鱼石螈的体形较大，且比较重，并不适合在陆地上行动。但是，其

史前动物档案

中文名称：鱼石螈

生存年代：3.77亿年前～3.62亿年前

生物学分类：迷齿亚纲（最早的两栖类）

主要化石产地：格陵兰、比利时

体形特征：体长1～3米，强壮的肩膀和臀部，可以带动四肢活动

食性：昆虫以及其他小动物

巨大的胸腔是由交错的肋骨组成。对比其祖先，它的骨骼结构较为坚硬，而且更为进化的脊柱及四肢足以从水中抽起整个身体。这种解剖上的明显改变是要演化来适应在陆地上缺乏浮力的环境。它的后肢脚很小，明显不足以支撑其体重。鱼石螈及其亲属会走上陆地取暖，就像是科隆群岛的海鬣蜥、海豹或恒河鳄一样，大部分时间回到水中摄食、繁殖或冷却身体。若是这样，它需要强壮的前肢拉身体上岸，坚实的胸腔及脊柱来支撑身体。幼螈则能够更容易的在地上行走。

由于鱼石螈的卵不能在水以外的地方生存，所以生殖是在水中进行。它的体外受精也需在水中进行。

鱼石螈之后有离片锥目及石炭蜥类发展成能完全的在地上行走。但这两类之间却有2～3千万年的时间空隙。这种空隙在脊椎动物的古生物学上被经典称为“柔默空缺”。

石炭纪动物

距今3.54亿年至2.92亿年的这一段地质时期被称为石炭纪。石炭纪的名字来自于石炭纪时期在世界各地形成的煤。在这一时期陆生植物、昆虫和脊椎动物的发展改变了泥盆纪时陆地上比较荒芜的景观,地球上出现了片片林海,第一批爬行动物及第一批会飞的动物都在此期间演化而成。

石炭纪是陆生动物大发展的时期:鲨和硬骨鱼在海洋中称霸一时;辐鳍鱼类在此期间演化出多个种类;羊膜动物也在石炭纪时进化出现,并分化为爬行类群和似哺乳类的弹弓类群动物;同时其他

更原始的陆栖脊椎动物也向多样化发展。而天空中也首次出现有翅的物种。

早期四足动物

早期的四足动物有始螈和蜥螈等，它们在湖里或浅滩上袭击猎物,有时也停在干燥的陆地上。

蜥螈比始螈更适应陆地生活,腿部比始螈的更粗壮,尾部无蹼。在幼蜥螈化石上还可以看到侧线的痕迹，这是它们在水中生活时的感觉系统。

石炭纪时的两栖动物

石炭纪时沼泽遍布,所以两栖动物阵容庞大,最大的脊椎动物之一——引螈就是其中之一。

引螈看上去和鳄鱼有点像,体长约2米,皮肤很薄,没有鳞片,背部生有骨质鳞甲。

为了防止水分流失，有些两栖动物长出了有鳞片保护的厚层皮肤,它们产的卵外面包着一层结实的膜,即羊膜,再外面还有一层有孔的卵壳,这样水分就不会散失了。

爬行动物

爬行动物中的古斑沙蜥和林蜥的头骨上除了鼻腔和眼窝外没有其他的洞孔，被称为无颞孔类动物，现在只有鱼鳖目的动物仍保留着这样的头骨构造。而其他的爬行动物则演化出颞孔，既减轻了体重，也利于颌骨肌肉的附着。合颞孔类在眼睛后面演化生成一对颞孔，而双颞孔类爬行动物则演化出双对颞孔。

中龙

中龙生活在晚石炭纪至早二叠纪，是最早下水的爬行动物。它主要生活在溪流和水潭中，很少上岸，特别爱吃水里的鱼。身体细长，肩

史前动物档案

中文名称：中龙

生存年代：3.20亿年前~2.6亿年前

生物学分类：中龙类

主要化石产地：巴西、南非

体形特征：体长大于60厘米，脚掌有蹼，身体呈流线形，尾巴上长有似鱼的鳍状物

食性：鱼类

部和腰部的骨骼都比较小，身后有一条长而灵活的尾巴，脚比较大，成为桡足，主要用尾巴游泳。它的上下颌特别长，嘴里长满了锋利的牙齿，非常适合捕鱼。

有翅昆虫的出现

昆虫是最早飞翔的动物，石炭纪的天空为它们所独有。科学家认为，昆虫的翅膀可能由扁平的垫片演化而来，因为有些物种的化石中垫片和身体体节相连。但要想成为真正的翅膀，就得在其与身体相关联的关节处发育出铰合部，还得对胸部原有的肌肉进行改造，长出飞行肌。

引螈

史前动物档案

中文名称：引螈

生存年代：3亿年前～2.6亿年前

生物学分类：壳椎亚纲

主要化石产地：美国

体形特征：体长约1.5米，头大，身体笨重

食性：鱼类和小型爬行动物

引螈是石炭纪、二叠纪陆地上最大的动物之一。头骨很大，宽阔而比较扁平，耳缺很深，有大而具迷路构造的牙齿，脊椎和四肢骨结构粗强，整体结构笨重，脊椎骨异常坚硬。生活习性可能像现代的鳄，出没于溪流、江河与湖泊之中，捕食鱼类及小型爬行类。与现在的两栖动物不同，这些早期的两栖动物身上多具有鳞甲。在古生代结束后，大多数原始两栖动物灭绝，只有少数延续了下来。

二叠纪动物

二叠纪开始于2.92亿年前，结束于2.50亿年前，是古生代的最后一个纪，以地球史上最大的一场物种灭绝而著称。二叠纪时出现了许多植物，类似哺乳动物的兽孔目爬行动物成为陆地上日益重要的角色。类似哺乳动物的兽孔目爬行动物对二叠纪初变得干燥的气候很适应，所以成为二叠纪时陆地上最重要的动物。它们体长可达约5米，体重超过1吨，后来演化成各种食肉食草动物。二叠纪的四足脊椎动物还包括多种多样的两栖动物、盘龙以及恐龙所属的古蜥类。扁头螈和杜味螈都是二叠纪时期的两栖动物。

埃斯特短角蜥

埃斯特短角蜥属于兽孔目爬行动物，它的名字的意思是“带皇冠的鳄鱼”，可是与鳄鱼却谈不上有什么相似。埃斯特短角蜥体形庞大，尾巴很短，头上长有4个角状的分枝，两个由脸颊两边长出，另两个长在头顶，看起来像顶皇冠。

爬行动物对气候的适应

水分和热量对在陆上生活的爬行动物来说至关重要。早期爬行动物在冷的时候晒晒太阳，太热了就躲到阴凉处。后来有些动物如盘龙进化出了高高的帆，帆起到换热器的作用。到了二叠纪后期，盘龙的后代兽孔目爬行动物把分解食物产生的热量保存下来，成为恒温动物，并且还进化出毛皮。

麝足兽

麝足兽是生活于南非干旱台地的大型食草动物。它们身躯呈筒

状，身长可达4米左右，体格健壮，但和大多数早期爬行动物相比尾巴短得多。麝足兽的头骨非常厚，这可能与用头骨顶撞争斗有关，也可能是某种疾病所致。麝足兽虽然个头很大，但还是经常会受到盘龙等兽孔目食肉爬行动物的袭击。

生机蓬勃的海域

二叠纪的海域里生活着各种海洋生物，充满了生机。腕足类的有壳动物持续生长，重要的新式鱼类也进化出现，部分爬行动物则回到水中生活。在二叠纪结束时的大灭绝事件中，海洋是重灾区，约有96%的海洋物种灭绝，但是鱼类却没有受到太大的影响。

二叠纪大灭绝事件

二叠纪末期发生了有史以来最严重的大灭绝事件，可能只有5%的物种存活下来，三叶虫、海蝎以及重要珊瑚类群全部消失，陆栖的单弓类群动物和许多爬行类群也灭绝了。有些专家认为，这次大灭绝是由气候突变、沙漠范围扩大、火山爆发等一系列原因造成的。

陨石撞击

有些科学家认为，陨石或小行星撞击地球导致了二叠纪末期的生物大灭绝。如果这种撞击达到一定程度，便会在全球产生一股毁灭性的冲击波，引起气候的改变和生物的死亡。最近搜集到的一些化学证据引起了人们对这种观点的重视，但多数生物学家认为这场灭绝是由地球上的自然变化引起的。

气候的改变

有些科学家认为，气候的变化是形成这场大灾难的主要原因。因为二叠纪末期形成的岩石显示，当时某些地区气候变冷，在地球两极形成了冰盖，这些巨大的白色冰盖将阳光反射回太空，会进一步降低全球气温，使陆上及海上的生物很难适应。如果再加上海平面下降和火山爆发，这就会成为灭顶之灾了。

大气成分的改变

有些生物学家认为，生活方式比较活跃积极的动物，如似哺乳类的单弓类动物需要比别的动物更多的氧气，它们可能是因为大气成分的改变而灭绝的。因为二叠纪末期气温的降低会导致海平面的下降，海床的辽阔煤层区就会暴露在外面，释放出大量二氧化碳到大气中，大气中的氧气含量就会相对减少。

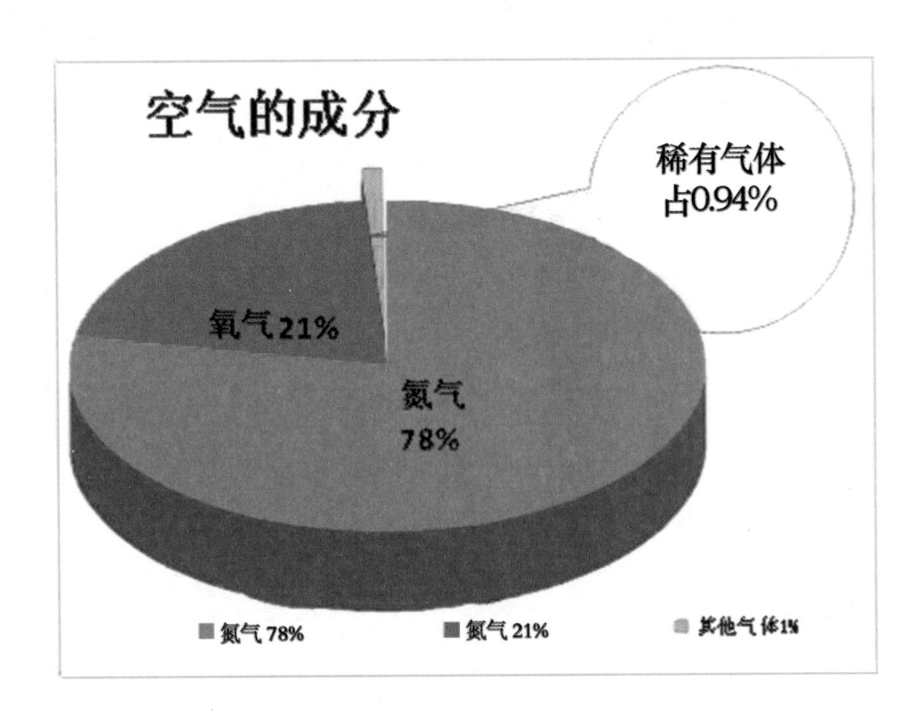

沙漠的肆虐

二叠纪的陆块碰撞接壤而形成了庞大的盘古大陆。来自海上的雨水和雾气再也无法探入内陆地区，于是二叠纪的某些区域就越来越干燥炎热,致使沙漠范围越来越广,无法适应干旱环境的动物就灭绝了。

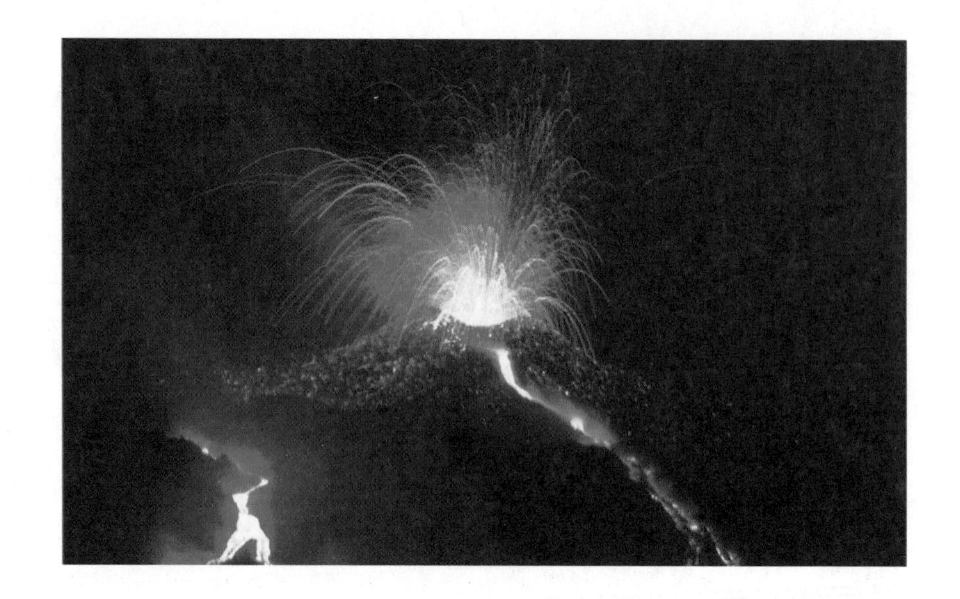

火山活动

火山爆发会喷出大量气体和火山尘埃进入大气层，火山灰云团不仅会使动物窒息而死，也有可能掩蔽太阳，使全球气温降低。所以，火山活动也可能是二叠纪末期灭绝事件的原因之一，西伯利亚就曾经发现当时火山猛烈爆发所喷出的物质。

第二章

中生代

中生代距今约2.50亿年~6550万年，晚于古生代，早于新生代。这一时期形成的地层称中生界。中生代名称是由英国地质学家J.菲利普斯于1841年首先提出来的，是表示这个时代的生物具有古生代和新生代之间的中间性质。中生代从二叠纪–三叠纪灭绝事件开始，到白垩纪–第三纪灭绝事件为止。中生代包括三叠纪、侏罗纪和白垩纪。

三叠纪动物

三叠纪约开始于2.50亿年前，结束于2.05亿年前，均以一次灭绝事件为标志。三叠纪标志着中生代的开始，也是整个地球发生重大变化的时代，恐龙正是在这个时期出现的。三叠纪时期，大型的肉食性动物，轻巧的捕猎动物，身披鳞甲、嘴巴像猪一样的草食性动物和像鳄鱼一样的食鱼动物与最早的恐龙生活在一起。会飞的爬行动物——翼龙第一次飞向天空，巨大的爬行动物鱼龙等也第一次畅游大海。这一时期还出现了最早的哺乳动物，但是个头比现在的老鼠还要小。

三叠纪时的恐龙

由于没有独立而相互分隔的气候区域刺激恐龙朝不同方向演化，所以三叠纪时期的恐龙种类并不多。而且因为恐龙这个物种在当时还处于发展初期，所以体形也比后来的要小得多。不过到了三叠纪后期，恐龙的体形显著变大，并出现了一些新的品种，这个物种的发展渐趋成熟。

三叠纪时的爬行动物

在二叠纪结束时，曾经在陆地上称王称霸的兽孔目爬行动物未能继续它们的统治地位，有一些爬行动物，如古蜥，已经超过了兽孔目爬行动物，成了陆地上的主角。

在三叠纪时居于统治地位的爬行动物首推古蜥。第一代古蜥类动物的后腿往往比前腿长，脚踝经过特殊进化，它们能以更直立的姿势走路，而不是以四肢在地上爬行。古蜥系早期的分支包括长颈龙，到三叠纪后期古蜥本身演变成各种不同种类的动物。

三叠纪时期的水栖动物

三叠纪时期，爬行动物中的南蜥龙大部分时间生活在水边，而像鱼龙这一类爬行动物，已经完全适应了海洋中的生活，和今天的鲸鱼和海豹一样生活在水中。秀尼鱼龙生活在三叠纪后期，是水中最大型的爬行动物，体重可达20吨左右。

引鳄

一种个头很大但很笨拙的动物叫引鳄，它长着短而有力的四肢和一个大脑袋。它是三叠纪早期陆地上最大的食肉动物之一，以其他

史前动物档案

中文名称：引鳄

生存年代：三叠纪中期

生物学分类：槽齿类爬行动物

主要化石产地：非洲

体形特征：体长约5米，身体结实，脑袋硕大，有长长的尖锐的牙齿

食性：其他爬行类或者两栖类动物

爬行动物为食。捕猎时，它用强有力的上下颌咬住猎物，再用锋利牙齿把猎物撕碎。引鳄以四肢行走，四肢以半直立方式位于身体之下。它们有大型、类似恐龙的头部，头部长达约1米，具有多颗锐利、圆锥状牙齿。在晚三叠纪，引鳄的生态位被蜥鳄、波斯特鳄所取代。

始盗龙

始盗龙是阿根廷人保罗•塞雷那、费尔南都•鲁巴以及他们的学生共同发现的，同一个地点还发现了埃雷拉龙，这也是一种颇为原始的恐龙。始盗龙的发现纯属偶然，当时挖掘小组的一位成员在一堆弃置路边

史前动物档案

中文名称：始盗龙

生存年代：三叠纪晚期

生物学分类：蜥臀目兽脚亚目恐龙

主要化石产地：南美洲

体形特征：体长约1米，其个头像狗那么大

食性：杂食

释义：最初的小偷

的乱石块里居然发现了一个近乎完整的头骨化石，于是挖掘小组趁热打铁,对废石堆一带反复"扫荡"。没过多久,一具很完整的恐龙骨骼呈现在他们面前,更令人惊喜的是——他们从没有见过这一品种。就这样迄今为止最古老的恐龙被发现了,2亿3千万年前,它就生活在这片土地上……

始盗龙那锯齿状的牙齿毫无疑问向大家表明了它是肉食恐龙的身份,而且它拥有善于捕抓猎物的双手,从始盗龙的前肢化石,我们可以推测,始盗龙有能力捕抓并干掉同它体形差不多大小的猎物。虽然我们不能精确地重现这种恐龙的攻击行为和捕食过程，但是从它那轻盈矫健的身形就不难想象到,始盗龙能够进行急速猎杀,它的食谱肯定不仅仅限于小爬行动物,说不定还包括最早的哺乳类动物——我们的祖先。

蛇颈龙

蛇颈龙的外形像一条蛇穿过一个乌龟壳:头小,颈长,躯干像乌

龟，尾巴短。头虽然偏小，但口很大，口内长有很多细长的锥形牙齿，捕鱼为生。许多种类的身体非常庞大，长达11～15米，个别种类达18米左右。四肢特化为适于划水的肉质鳍脚，使蛇颈龙既能在水中往来自如，又能爬上岸来休息或产卵繁殖后代。蛇颈龙类可根据它们颈部的长短分为长颈型蛇颈龙和短颈型蛇颈龙两类。长颈型蛇颈龙主要生活在海洋中，脖子极度伸长，活像一条蛇，身体宽扁，鳍脚犹如四支，像很大的划船的桨，使身体进退自如，转动灵活。长颈伸缩自如，可以攫取远处的食物。

短颈型蛇颈龙又叫上龙类。这类动物脖子较短，身体粗壮，有长长的嘴，所以头部较大，鳍脚大而有力，适于游泳。发现于澳大利亚白垩纪地层中的一种蛇颈龙，身长约15米，可头竟有3.7米长左右，嘴里上下长满了钉子般的牙齿，大而尖利，呈犬牙交错状，凶猛无比。

史前动物档案

中文名称：蛇颈龙

生存年代：三叠纪晚期～白垩纪晚期

生物学分类：蛇颈龙类

主要化石产地：世界各地

体形特征：体长11～18米，脖子很长，尾巴很短，身体像乌龟

食性：鱼类、鹦鹉螺等

异齿龙

异齿龙又称畸齿龙，它生活在早侏罗纪的南非，是原始的鸟脚类，同时也是最小的鸟脚类。异齿龙和它的徒子徒孙们(生存于白垩纪的大型的禽龙类和鸭嘴龙类)相比，异齿龙就像一个刚出生的小宝宝，体长只有0.9~1米，还没有山东龙的前肢长。异齿龙最明显的特征是背上的帆状物，另一种盘龙类基龙也有这种特征。这帆状物可能用来控制体温，背帆的表面可使加热、冷却更有效率。这种温度的调节非常重要，因为可让它有更多时间来捕猎猎物。帆状物也有可能用作求偶或是吓阻猎食者。帆状物是由脊椎股骨支撑，每一条是来自个别的脊骨。1973年，有研究计算一只200千克的异齿龙从26℃提升到32℃的体温，若没有帆状物需要205分钟，但若有则只需80分钟。

史前动物档案

中文名称：异齿龙

生存年代：2.9亿年前~2.56亿年前

生物学分类：盘龙类

主要化石产地：北美洲

体形特征：体长约1米，竖立的脊帆，上覆一层皮肤

食性：扑食其他爬行动物

释义：长有不同类型牙齿的恐龙

翼龙

翼龙是一类非常特殊的爬行动物，会飞并很可能是温血动物。中生代三叠纪出现在地球上的翼龙是最早能够飞行的脊椎动物，但有人怀疑它只是徒有虚名，充其量只能在天空滑翔。然而，最新的研究表明，因其大脑中处理平衡信息的神经组织相当发达，翼龙不仅能像鸟类一样飞翔，而且很可能是飞行能手。

最大的翼龙是风神翼龙（羽蛇神翼龙）。展开双翼有11～15米长，相当于一架飞机大小。最小的树栖翼龙化石——隐居森林翼龙，翼展开仅约25厘米，近似于一只燕子身形大小。

史前动物档案

中文名称：翼龙

生存年代：三叠纪晚期～白垩纪晚期

生物学分类：喙嘴龙类或翼手龙类

主要化石产地：世界各地

体形特征：体长0.2～12米，利用皮膜可以在天空飞翔，而且在某些方面类似于鸟，比如骨骼中空、脑子大，看得很远但是嗅觉不敏锐

食性：鱼类

释义：会飞的恐龙

侏罗纪动物

侏罗纪得名于位于法国、瑞士交界处的阿尔卑斯山区的一处侏罗山，约开始于2.05亿年前，结束于1.42亿年前，是中生代的第二个纪。在这一地质时期，最早的鸟类出现了，哺乳动物也开始发展，恐龙成为陆地上的统治者。海洋中出现了薄片龙等几类新的海洋爬行动物。最早飞向天空的翼龙到侏罗纪时取得了空中霸权。

侏罗纪的恐龙

侏罗纪时的气候对恐龙的繁衍十分有利，而且在中生代，哺乳动物还处于进化的早期阶段，恐龙基本上没有任何生存竞争的对手，所以它们迅速占领了各个大陆，进入了鼎盛时期。

异龙

史前动物档案

中文名称：异龙

生存年代：1.55亿年前～1.45亿年前

生物学分类：兽脚类

主要化石产地：亚洲、非洲、澳洲、北美洲

体形特征：体长约12米，约5米高，体型巨大，眼睛上部有两块角质突出，上肢生有三趾

食性：食肉

释义：奇异的恐龙

异龙是该时期北美洲莫里逊组最常见的大型掠食动物，并位于食物链的顶层。它们可能以其他大型草食性恐龙为食，例如：鸟脚下目、剑龙科、蜥脚下目恐龙。异龙经常被认为采用群体合作方式攻击蜥脚类恐龙，但很少证据显示异龙具有共同攻击的社会行为。它们可能采取伏击方式攻击大型猎物，使用上颌来撞击猎物。在大众文化中，异龙与暴龙皆是大型肉食性恐龙的代表。异龙也是博物馆常见的恐龙之一。

双脊龙

双脊龙长达约6米，站立时头部高约2.4米。头顶上长着两片大大的骨冠，故名双脊龙。前肢短小，善于奔跑，是侏罗纪早期的食肉恐龙。双脊龙能够飞速地追逐草食性恐龙。比如全力冲刺追逐小型、稍具防御能力的鸟脚类恐龙，或者体形较大、较为笨重的蜥脚类恐龙，如大锥龙等。在追到猎物后，会用长牙咬并同时挥舞脚趾和手指上的利爪去抓紧食物。

史前动物档案

中文名称：双脊龙

生存年代：2亿年前～1.9亿年前

生物学分类：兽脚类

主要化石产地：北美洲、亚洲

体形特征：体长6～7米，高约2.4米，头上长有两条呈平行状态的隆起的骨脊

食性：肉食，主要以动物尸体、小蜥蜴和昆虫为食

梁龙

中文名称：梁龙
生存年代：1.55亿年前～1.45亿年前
生物学分类：蜥脚类
主要化石产地：北美洲
体形特征：体长约27米，身高约12米，脑袋很小，尾巴很长
食性：食草

梁龙是梁龙科下的一属恐龙，它的骨骼化石首先被塞缪尔·温德尔·威利斯顿发现。梁龙个体最长可达27米，是已知最长的恐龙。体重约10吨左右。鼻孔位于眼睛之上。当陆上敌害攻击时，它就逃入水中躲藏，头顶上的鼻孔不会被水淹没，便于呼吸。

剑龙

剑龙是最著名的恐龙之一，因其特殊的骨板与尾刺闻名。剑龙就像暴龙、三角龙以及迷惑龙一样，经常出现在书籍、漫画或是电视、电影当中。对人类来说，剑龙是相当庞大的动物。但是在它们所生存的年代中，还有许多更为巨大的蜥脚类恐龙。另外沿着剑龙弓起的背部脊线，有两道形状类似风筝的板状物平行排列；在尾部靠近末端的区域，则有两对尖刺向水平方向突起。这些装甲，可以用来防御一些属于兽脚类的掠食者，例如异龙与角鼻龙。

史前动物档案

中文名称：剑龙

生存年代：1.56亿年前～1.45亿年前

分类：覆盾甲龙类

主要化石产地：北美洲

体形特征：体长约9米，尾巴上有两对尖刺，用于御敌

食性：食草

释义：有屋顶的蜥蜴

始祖鸟

史前动物档案

中文名称：始祖鸟

生存年代：1.55亿年前~1.5亿年前

生物学分类：兽脚类

主要化石产地：德国

体形特征：体长约60厘米，高约20厘米，身上长有像鸟一样的羽毛和翅膀，骨骼却像恐龙

食性：食肉，以昆虫和鱼为主

释义：世界上最早的鸟

在始祖鸟仍然生存的时期，欧洲仍然是个接近赤道的群岛。始祖鸟生活于恐龙时代，但是由于其同时拥有鸟类及兽脚亚目的特征，因此与恐龙有所区别。始祖鸟的大小及形状与喜鹊相似，它有着阔及圆的翅膀及长的尾巴。它可以生长达半米长。它的羽毛与现代鸟类相似，但它却在颚骨上有锋利的牙齿，脚上三趾都有弯爪及有长的骨质尾巴。这些特征正好与兽脚亚目恐龙相似，使得始祖鸟成为演化过程的重要角色。但也有学者认为，始祖鸟应为迅猛龙的祖先，而非鸟类的祖先。发现于中国辽西地区的大量鸟类化石，很可能才是鸟类真正的祖先。

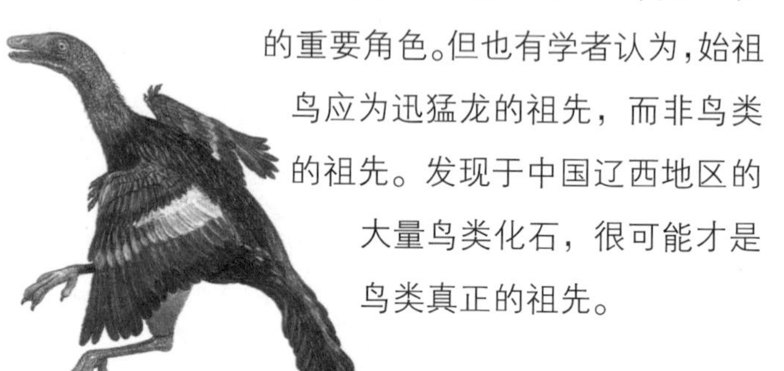

白垩纪动物

白垩纪是中生代的最后一个纪，约开始于1.42亿年前，结束于6550万年前。它是以一种灰白色、颗粒较细的碳酸钙沉积物——白垩命名的。在这一时期，恐龙由鼎盛走向完全灭绝，其他新生的动植物种类纷纷出现。白垩纪时的动物界因为陆地的分隔逐渐发展出了具有不同区域特色的动物群。爬行类在侏罗纪末期至白垩纪早期达

到极盛;鸟类继续进化;哺乳类略有发展;鱼类已完全以真骨鱼类为主;而与花朵关系密切的昆虫因开花植物的茂盛而兴旺起来了。

白垩纪的恐龙

在白垩纪时期,虽然小型的哺乳动物逐渐多样化,其他的动物类群也日渐繁多,但恐龙仍然是陆地上的主宰。体形巨大的梁龙等蜥脚类恐龙在北方陆地上逐渐减少,但在南方大陆上还是具有一定的优势;兽脚类恐龙则从喜欢集体狩猎的恐爪龙到大型肉食性恐龙——暴龙都一应俱全;新的草食性恐龙在这一时期也开始出现了。

哺乳动物的乐园

白垩纪时植物的繁盛使之成了哺乳动物的乐园。这些哺乳动物体形不大,一般在晚上出来觅食。其中包括最早的有袋动物,它们在自己的育儿袋中养育后代。另外还包括口袋大小的胎盘哺乳动物,它们像今天的大多数哺乳动物一样,也在腹中孕育后代。

白垩纪的水栖动物

在海洋里,爬行动物依然居于统治地位,鱼龙科和蛇颈龙科都经历了整个侏罗纪时期。一个新的种类——沧龙科在白垩纪即将结束时成为海中爬行动物的霸主。另外,在白垩纪即将结束时,海洋无脊椎动物、蟹类和其他现代甲壳类动物也开始出现了。

霸王龙

史前动物档案

中文名称：霸王龙

生存年代：6850万年前～6550万年前

生物学分类：兽脚类

主要化石产地：北美洲

体形特征：体长约13米，高约5米，头颅巨大，用后肢行走，前肢短小并且只有两根手指，性格残暴

食性：食肉，尤其喜食鸭嘴龙

释义：残暴的蜥蜴

霸王龙又名暴龙，是已知的肉食性恐龙中最为著名的，它们是肉食恐龙中出现最晚，也是最大型、最孔武有力的品种，可能是世界上已知最强的食肉动物。身长约13米，肩高约5米，平均体重约9吨，生存于白垩纪末期的最后300万年，距今约 6850 万 年 到 6550万年，是白垩纪第三纪灭绝事件前最后的恐龙种群之一。

包头龙

包头龙又名优头甲龙，是甲龙科下最巨大的恐龙之一，体形与细小的象相若。它亦是甲龙下目中有最完整的化石记录的恐龙，包括它的尖刺装甲及巨大的棍棒尾巴。甲龙类是些身披重甲的食素恐龙，包头龙更是发展到连眼睑上都披有甲板，真正地将整个头部都包裹起来。它全长约6米，除从头到尾被重甲覆盖外，还配有尖利的骨刺，简直就像身上插着匕首。它的尾巴更像一根坚实的棍子，尾端还有沉重的骨锤，遇到大型食肉恐龙的袭击时，它会奋力挥动尾棍，用力抽打袭击者的腿部。像其他甲龙一样，它也有水桶般的身躯，里面装着十分复杂的胃，用来慢慢消化食物。

史前动物档案

中文名称：包头龙

生存年代：白垩纪晚期

生物学分类：鸟臀目甲龙类

主要化石产地：北美洲

体形特征：体长约6米，高约2米，全身长有骨板和骨钉，尾部末端长有抵御食肉恐龙攻击的骨锤

食性：食植

原角龙

史前动物档案

中文名称：原角龙

生存年代：7200万年前～6550万年前

生物学分类：鸟臀目角龙类

主要化石产地：中国、蒙古

体形特征：体长2～3米，喙像鸟，头上长着保护颈部的颈盾，但没有角

食性：食草

原角龙的脑袋和躯干都很大。它的喙长得像鸟的一样，嘴的前部没有牙，但在嘴里两侧长着牙。原角龙的头上长着个褶边一样的装饰，雄性的比雌性的大些。原角龙是群居生活。它们把小恐龙生在自己的窝里。原角龙的脑袋中等大小，所以它们比较聪明。它们走路用四只脚，走得比较慢。原角龙生蛋时往往是几只雌龙共用一个窝，大家轮流一圈一圈地产蛋。原角龙的蛋是世界最早发现的恐龙蛋，这一发现，使原角龙在恐龙界的名气不亚于巨大的雷龙、暴龙。

三角龙

三角龙个体重达6.1到12吨。三角龙最显著的特征是它们的大型头颅是所有陆地动物中最大的之一。它们的头盾可长至超过2米，可以达到整个动物身长的1/3。三角龙的口鼻部鼻孔上方有一根角状物；以及一对位在眼睛上方的角状物，可长达约1米。头颅后方则是相对短的骨质头盾。大多数其他有角盾恐龙的头盾上有大型洞孔，但三角龙的头盾则是明显的坚硬。关于三角龙头部装饰物的功能，有许多假设，其中两个主要的理论为战斗与求偶时的展示物，而后者被认为极可能是主要功能。

史前动物档案

中文名称：三角龙

生存年代：7200万年前～6550万年前

生物学分类：鸟臀目角龙类

主要化石产地：北美洲

体形特征：体长约9米，高约3米，脖子周围长有坚硬的甲壳，头上长着3只骨质长角

食性：食植

史前动物档案

中文名称：中华龙鸟

生存年代：白垩纪早期

生物学分类：兽脚类

主要化石产地：中国

体形特征：体长约1米，全身披覆有一层短短的“羽毛”，尾巴很长，善于奔跑

食性：食肉

释义：在中国发现的类似鸟的恐龙

中华龙鸟

中华龙鸟生存于距今1.42亿年的早白垩世。1996年在中国辽西热河生物群中发现它的化石。开始以为是一种原始鸟类，定名为“中华龙鸟”，后经科学家证实为一种小型食肉恐龙。

中华龙鸟前肢粗短，爪钩锐利，利于捕食，实际上是一种小型肉食恐龙，其牙齿内侧有明显的锯齿状构造，头部方骨还未愈合，有四个颈椎和13个脊椎，尾巴几乎是躯干长度的两倍半。

中华鸟龙化石的发现是近100多年来恐龙化石研究史上最重要的发现之一，不仅对研究鸟类起源，而且对研究恐龙的生理、生态和演化都有不可估量的重要意义。当大批恐龙在中生代晚期相继退出历史舞台时，人们相信，这种称霸一时的爬行动物已经彻底完结了。

其实，恐龙并没有绝灭，它们中的一支或几支，正试图离开陆地向空中发展。

白垩纪恐龙灭绝

在我们的地球上，曾经有很多生物种类出现后又消失了，这是一个生物演化史中的必然阶段。但是像恐龙这样一个庞大的具有统治地位的家族，为什么会突然之间就从地球上消失了，这不能不引起我们的种种猜测。

在6550万年前白垩纪结束的时候，究竟发生了什么，使得恐龙和另外一大批生物统统死去，科学家们对此一直争论不休。有的说是地球在6550年前发生了地质上的造山运动，因为平地上长出许多高山来，沼泽便减少了，气候也变得不那么湿润温暖了。恐龙的呼吸器官不能适应干冷干热的空气，而且一到冬天，恐龙的食物也没有了，所以就走上了灭绝的道路。

有的说是火山爆发引起地球气候发生强烈变化，温度骤然升高后又降得很低的缘故。还有的说是恐龙吃了大量的有花植物，这些花中有很多毒素，恐龙又食量很大，所以中毒而死。证据是白垩纪晚期开始出现了有花植物。

还有人别出心裁地说，是因为恐龙这种巨大的动物因吃的太多且不断放屁，向空中释放大量的甲烷气体。由于它们数量太多，生存时间又长，所以破坏了地球的臭氧层造成毁灭性气候。

甚至还有人说是外星人跑到地球来猎取的结果，因为它们觉得恐龙肉特别好吃。证据是他们在北极发现的恐龙骨骼化石有像被激光切割的痕迹。

有的科学家还认为，是由于海面下降，新的陆地出来了，有的恐龙有迁移的习惯，去了其他地方，不适应那里的环境，最终灭绝。总之，真可谓是五花八门，无奇不有。但是，普遍被大家认可的是陨石撞击说。发生于白垩纪未的陨石(或小行星)撞击地球,极大地改变了恐龙生存的气候环境,最终导致了恐龙的灭绝。

第三章 新生代

新生代始于距今6550万年，是地球历史上最新的一个地质时代。随着恐龙的灭绝、中生代结束，新生代开始了。新生代被分为三个纪：古近纪、新近纪和第四纪。总共包括七个世：古新世、始新世、渐新世、中新世、上新世、更新世和全新世。这一时期形成的地层称新生界。新生代以哺乳动物和被子植物的高度繁盛为特征，由于生物界逐渐呈现了现代的面貌，故名新生代，即现代生物的时代。

古新世和始新世动物

古新世和始新世指6550万年前至3370万年前的这一段地质时期。古新世是古近纪(老第三纪)最早的一个世,为第三纪早期的一个

世界范围的主要时代划分单位；始新世一名源于希腊文，指的是现代生物的开始，在始新世期间，现代哺乳动物的所有大类全都出现了。

陆栖动物

古新世时，白垩纪幸存下来的小型动物逐渐进化为大型的哺乳动物以及不能飞行的巨型鸟类。蝙蝠、啮齿动物和真正的灵长类也首次出现。鳄、蜥蜴、龟和蛙类则在始新世的热带世界中繁衍兴盛，蛇类也演化出各种种类。

海洋哺乳动物

在古新世和始新世时，现代海洋生物类型已经基本上发展成熟了。我们常见的鸟类、甲壳类和软体动物类群也开始进化出现，最早的鲸类和植食性的海牛也相继出现，这意味着哺乳动物开始进入水中生活。

步行游鲸

1992年，美国东北俄亥俄大学的泰维森教授在巴基斯坦北部发现了一具几乎完整的动物骨架，这就是步行游鲸，一种过着两栖生活的古鲸。这种古鲸生活在约4900万年前，一般身长2.7～3米。体重约300千克，不比现在的海狮大多少。

步行游鲸生活在古地中海的海边、湖泊及内陆河湖中。虽然它们还是明显的陆地兽型动物，但已经很适应水栖生活，在水里行动自如。它们经常潜伏在浅水中伏击岸边的动物，依靠强壮的上下颌抓住猎物。虽然它们的化石数量不多，但代表了鲸类进化中的关键阶段，所以科学家非常重视。

步行游鲸身上体现出了一些过渡类型的特征，其鼻孔仍位于头颅前端，但眼睛和耳朵的位置都较高，这是对水栖生活的适应。它们

史前动物档案

中文名称：步行游鲸

生存年代：始新世

生物学分类：鲸目

主要化石产地：巴基斯坦

体形特征：身长2．7～3．0米，体重约300千克

食性：肉食性

释义：能行走也会游泳的鲸

躯干粗短，胸部宽厚，已经呈现流线型，4条腿也被挤到了身体两侧，看起来有点儿像一条披着毛皮的鳄鱼。其后肢特别强壮，脚掌很大，可能长有发达的脚蹼。这些结构暗示它们仍有陆上行走的能力，但却只能蹒跚

而行，无法灵活奔跑。与后期鲸类相比，步行游鲸没有用于游水的发达尾叶，尾巴也不长，但脊椎已经可以灵活弯曲。在水中它们依靠身体上下摆动、后肢击水来前进，其游泳方式更像现代的水獭。

步行游鲸虽然没有现代鲸的优美外表和庞大身躯，但它们凭借自己在鲸类进化中的重要地位，受到了全世界古生物学家的关注。作为一种过渡类型，它们在带给人类许多答案的同时，也产生了更多问题。它们与现代鲸或巴基鲸等其他早期古鲸的形态差异还很大，这中间到底还存在着什么样的物种？这些物种的形态会不会更加出乎人

们的想象?鲸类的进化史是不是更复杂?更多答案或许仍埋藏在巴基斯坦北部的丘陵中……

龙王鲸

19世纪30年代，古生物学家哈兰收到了一件化石，据称这是美国路易斯安那州的一具巨大骨骼上的一部分。哈兰认为它属于一种巨型海洋爬行类动物，草草将其命名为“蜥王龙”，但英国的欧文却相信那可能是一种大型陆地兽类。两人谁也说服不了谁，而就在哈兰进行研究的同时，更多的化石在阿拉巴马州和密西西比州被发现。最终哈兰看见了这种动物的头骨化石，其牙齿形式明显不属于海洋爬行类。他认识到了自己的错误，意识到这是远古鲸类的一支，然而其学名已不可更改了。中文则将其灵活改译为龙王鲸。

龙王鲸主要活跃在中、晚始新世。从已发现的众多龙王鲸化石来看，它们平均身长15～17米，少数巨大者可达约24米。龙王鲸的身躯细长如蛇，加上在热带生活而不会有太厚的鲸脂，其体重可能远逊于同等长度的现代鲸类。它们身上还有很多原始特征，例如长有2条短小的、未完全退化的后腿。头部较小且类似陆生动物，44颗牙齿也与早期的陆地哺乳类相似且分为两种类型，锥形齿分布在前，锯齿形齿排列于后。它们不但能追捕鱼类，也能捕食海洋软体动物和甲壳类，甚至伏击岸边的动物。

除美国外，人们在埃及和澳洲大陆也发现了很多龙王鲸类的化石。说明它们当时曾广布于世界各地的热带海洋中。在埃及的撒哈拉沙漠中，有个史前鲸类化石被大量发现的地方，名叫“鲸之谷”。这里在晚始新世时是热带浅海。一些龙王鲸当时生活在那里。

作为当时海洋中最可怕的掠食动物，龙王鲸类并不十分挑食。其菜单上不但有大型的鱼类、头足类、海龟，甚至鲨鱼和身长5米多的矛齿鲸也常常遭其袭击。最近人们在一个龙王鲸化石的胸腔部位找到一团鱼化石，可能是它胃内的东西，其中包括几种不同的鱼类骸骨以及一条约50厘米长的鲨鱼。在BBC的《与古兽同行》节目中，一条怀孕的雌龙王鲸甚至游入河口沙洲，企图猎杀前来饮水的始祖象，不过这种情形应该是相当罕见的。

短短1000多万年时间，鲸类就从陆生动物进化成了如此庞大的海兽，堪称神速。不过，龙王鲸的骨骼结构显示它不可能是现代鲸类的祖先，而只是鲸类演化道路上一个显赫一时的旁支。始新世末期，龙王鲸类已然销声匿迹，但其他鲸类将继续演化为海洋的主人。

始剑齿虎

炎炎夏日的午后，渐新世北美洲南部的密林里闷热潮湿，刚刚哺育完3个幼崽的塞瑞伯利始剑齿虎母亲匆匆离开了巢穴。它非常紧张，因为刚才它闻到了附近其他食肉动物的气息。

为了猎食和自身安全，每只塞瑞伯利始剑齿虎都有一定的势力范围，尤其是哺育期的雌兽，会不惜一切代价驱赶任何擅自闯入的大型动物。

此时在林边的小溪旁，一只年轻的本氏祖猎虎正在大口饮水，它在刚才的狩猎中不但一无所获，而且无意中进入了危险境地。它尚未察觉之时，领地的主人猛然从它背后跃了出来，2只同属假剑齿虎科家族的猛兽互相威胁地吼叫、用前肢拍击，很快混战成一团。祖猎虎率先咬伤了始剑齿虎的后腿，但盛怒下的始剑齿虎母亲毫不力怯，马上用其恐怖的剑齿划向对手的头部。

史前动物档案

中文名称：始剑齿虎

生存年代：晚始新世～晚渐新世

生物学分类：食肉目

主要化石产地：亚欧大陆、北美洲

体形特征：身长约2.1米

食性：肉食性

就在那刹那间，侵入者头破血流、狂奔而逃，而胜利者在舔净自身的伤口后，发出了一声长啸，再一次宣告自己是这里无可争议的主人。

不要被始剑齿虎的译名所迷惑，它们并不是真正意义上的“剑齿虎”，更不是此后各种剑齿猫科动物的祖先。此前人们曾认为它们是猫科动物中的一个特殊亚科，现在则将其划入更原始的假剑齿虎科中。

作为该家族早期拥有“剑齿”的成员之一，始剑虎类与恐齿猫、始猫等一样出现非常早，是最早出现的假剑齿虎类。它们最早出现在晚始新世的亚欧大陆，在此后的渐新世进入北美洲。它们的化石分别在法国西部及美国南、北达科他州和怀俄明州被发现。

从欧洲始新世末期地层中发现的始剑虎化石上可以看出，它们几乎从一开始就具备相当特化的头部及牙齿结构。它们的上犬齿又长又弯，形成所谓的“剑齿”，而且是非常夸张的“马刀牙”类型，同时还有像刀鞘一样的颏叶保护，而下犬齿却明显退化；嘴巴也能张开90度以上，这两点使它们能够有效使用剑齿对猎物或敌人进行致命一击。

它们嘴里的牙齿只有26颗（大多数早期食肉目成员都有44颗牙齿）。臼齿和前臼齿的结构也已显得进步。即使在早渐新世，这样的牙齿也堪称利器，甚至连同时期的假剑齿虎科其他成员以及原小熊猫等早期猫科动物也难以与之相比。在它们之后，假剑齿虎科和猫科剑齿虎亚科中的许多种类都进化出了这样的上下犬齿结构。

始剑齿虎骨骼强壮，身形细矮，四肢短小结实，头部和口鼻部较短，眼睛长在头部正面，能够精确判断距离，这一切都保障了它们在林中狩猎的成功率。

早期的几种始剑齿虎如猞猁般大小，与其后期种类体型相差很大，有的如山猫般娇小，也有的几乎有豹子般大。专家认为，那些体形较小的种类动作灵活、奔跑迅速，而且可能群居捕猎，而更大型的始剑齿虎可能是独居的。

随着越来越多的化石材料被发现，现代欧美许多学者认为，渐新世后期，大量假剑齿虎类动物在各生态圈中似乎扮演着相同的角色，互相竞争甚至厮杀是不可避免的。

例如仅在晚渐新世的北美洲同一地区，就发现了同时代生存、多达6个种属的假剑齿虎科动物，包括几种始剑齿虎、恐齿猫、祖猎虎和伪剑齿虎等。

可以想象，这些猛兽之间由于食物和领地而产生的冲突相当常见。

美国南部发现的一具晚渐新世的本氏祖猎虎头骨化石上就有2个奇怪的孔洞，经高科技仪器分析，科学家们发现那孔洞很有可能来自大型始剑齿虎类的一对巨大犬齿，看来它们无疑是晚渐新世时期北美大地上最难惹的角色之一。

始马

午后的阳光洒在林中，树影斑驳，刚下过的一场暴雨令空气格外清新。低矮的灌木丛里传来一阵响动，始马群把小小的脑袋探出了藏身之处。虽说是马，但它们弓着腰的样子却更像狗，个头也跟小狗差不多。这些始马一个个支棱着短腿，晃动着小耳朵，呆头呆脑的表情煞是可爱。确定周围没有危险之后，它们才放心大胆地钻出灌木丛，迫不及待地在空地上拣食被雨点打落的野果。它们的牙齿还很弱小，只能咀嚼果子、嫩叶这样柔软的食物。2只兔子般大小的幼马不知何时撒着欢打在了一起，先是立起身子用柔弱的前肢相互拍打，接着又在灌木丛中笨拙地你追我赶……此时它们的小脑瓜不会想到，自己的后代有朝一日将走出大森林，奔驰在更加广阔的原野上。

与今天所有姿容雄伟的动物一样，马也有一个矮小的、不起眼的祖先。5800万年前，正是这种像小狗一样的始马开启了马科动物奔

史前动物档案

中文名称：始马

生存年代：始新世

生物学分类：奇蹄目

主要化石产地：北美洲、欧洲、中国

体形特征：身长约60厘米，身高约20厘米

食性：植食性

放的进化历程。

与现代马相比，始马不仅个子小，结构也很原始。它们的前足有4个脚趾，后足有3个，腿部骨骼尚未融合成一体，因此跑动能力不会很强。脑袋虽有几分像马的长脸，但脑量很小，牙齿也是哺乳类最原始的44颗标准齿式，而且都是低冠齿，不能取食较硬的植物。即便如此，始马还是当时较为进步、成功的动物，它们身上已体现出了奇蹄类的一些进化优势：身体结构轻巧，脊椎能灵活弯曲，脚踝处有一个双重隆起的滑车形面与小腿的胫骨连接，股骨外侧有一显著的凸起，称为第三转节。这些都使始马比踝节类、钝脚类等早期植食性动物有更强的活动能力。

始新世末期，亚欧大陆上的始马当成了一次大灭绝的牺牲品，幸

存的各种古马以北美洲为主基地进行发展演化。在此后全球一次次的气候巨变中，两个大陆之间不时被陆桥连接，马类也得以数次扩散到亚欧大陆，并与其他食草动物共同竞争。

遗憾的是，在1万年前冰河期结束的时候，北美洲和南美洲的所有马科动物全部灭绝，而人类很可能促成了这一过程。那些美洲开拓者的后代——印第安人1万年来不知马为何物，直到几百年前远渡重洋的欧洲人把马匹带回了它们的老家，成千上万没见过马的印第安人惨死在欧洲骑兵的铁蹄下……

关于始马的命名还有一段插曲。1841年，几件细小的化石被送到了英国著名学者理查德·欧文手上。欧文在缺乏足够材料的情况下将其命名为“鼹鼠野兽”。后来欧文得到了一些较完整的化石，命名为“曙马”，等发现两者实为一类动物后为时已晚。与古生物学史上很多类似情况一样，尽管后取的名字更好听、更“科学”，但按照命名法，最初的学名是不可更改的，于是前面的名字也就保留下来。中文名称以前多翻译为始祖马，但是近年来古生物学家多开始称呼它为始马。

与始祖鸟、始祖象一样，始马的“始祖”地位近几十年来不断受到质疑，一些学者干脆宣称始马根本不是现代马的祖先。原因之一是新化石不断出土，难以确定谁是真正的老祖宗，而与始马同时代的其他古马就有原古马、古兽等，形态都很相似。另一方面，当时的各种原始奇蹄类并没有非常明显的差别，甚至有人认为始马应该是犀牛的祖先。马类后来的演化也并非像以往教科书中写的那样呈体形增大、脚趾减少的单一直线，而是分化出了错综复杂的种类，其中某些小型马与所谓“主流”一样成功，这也给分析马的起源带来了难度。不过，既然任何动物都必定由更原始的种类进化而来，那么在没有其他决定性的证据之前，始马的这项光辉头衔还是不必急着摘下的。

始祖象

太阳摇晃着浮出了地平线，大地还沉浸在深深的睡意里，只有一层薄雾缠绕在泻湖边几棵幼嫩的红树苗间。泻湖中偶然会出现几条鲨鱼，但通常这里并没有什么危险的动物，倒是多年来沉在海水中盘根错节的红树颇有威胁，许多笨拙的动物经常会因为被木头夹住而溺死在这里。在岸边较高一些的地面上，2只雌性始祖象正忙着吞吃跌落地面的果实。地面的果实早已经熟透了，它们会在始祖象暖乎乎的胃里发胀发酵，产生很多酒精，让本就不灵活的始祖象变得更加迟钝。它们吃饱之后，兴奋地挤进泻湖准备度过酷热的白天，却没有注意到浑浊的泻湖下隐藏的陷阱，或许它们就是下一个受害者……

1904年，在埃及的法雍地区一处叫莫里斯湖的地方，人们发现了一种奇怪的动物，它们的样子就好像一只发育畸形的河马，不过最初

史前动物档案

中文名称：始祖象
生存年代：晚始新世～早渐新世
生物学分类：长鼻目
主要化石产地：非洲
体形特征：身长约3.0米，肩离约1.0米
食性：植食性
释义：莫里斯湖的野兽

没有人注意。直到1923年，经过美国纽约自然史博物馆的古生物学家安德鲁斯的描述，人们才了解到这种动物基本和始新世时期笨重的有蹄类没有太大差异，唯一的区别可能是在头上。它的头骨低平，眼睛位置靠前，整个头颅显得十分宽大，附着有强壮的肌肉。它们的上下第二门齿(后世象类发展为长牙)加长加大，但并不向外伸出；外鼻孔在头部前端，上唇较厚但很灵活。许多研究者认为这种动物身体笨重、上唇灵活、门齿加长，都是象类的特征。而它们既然在形态上是象族中的原始类型，生存年代也很早，于是便被命名为始祖象。

始祖象生活在非洲的埃及、苏丹和塞内加尔等地，最早出现在晚始新世并延续到早渐新世，随后逐步消亡。一些读物把始祖象描述成小猪般大小，所以很多人认为始祖象没有多大。其实它们的个头并不小，成年始祖象身长可以达到约3米，肩高接近1米，体重约200多千克，体积相当于一只未成年的亚洲象。它们的颈部较长而灵活，四肢短粗，脚掌比较宽大，外貌与生态习性近似河马。

当时的埃及法雍地区乃至北非的大部分地区都还是一片浅海，气候温暖，植被繁茂。内陆河湖星罗棋布。始祖象采用两栖的生活方式，正是为了适应这种生存环境。

始祖象的牙齿构造相当原始，臼齿上只有2道横脊，也没有丰富的褶皱。这样的牙齿不耐磨损，因此它们只能吃柔软的植物叶子，这倒符合它们周遭的生态特点。由于人们认为它们的游泳能力不强，所以始祖象可能终日在浅海或湖泊中栖息，以水中或岸边鲜嫩的植物为食。

自从被发现后，始祖象的"始祖"头衔就一天也没坐稳过。因为人们一直在争论：它们到底是不是象类的始祖。从少数特征看，始祖象的确可能与象类比较接近。但它们的个头太大，身体构造和生活习性也非常特殊，很明显是往两栖方向演化的，而与象类的进化主流并不接近。除了加大的门齿和增厚的鼻部外，人们实在找不出它们和后来的象还有什么接近之处：而且在始祖象生活的后期，非洲地区已经出现了比较原始的乳齿象——始乳齿象，其形态也与始祖象相去甚远。所以始祖象只是占着这个始祖的称呼而已，不大可能是后来各种象类的祖先。

现在大多数学者认为，始祖象应该还是象类进化过程中的一个旁支，属于单独的始祖象亚目。它们始终也没有回到象类进化的主流上来，而是朝着两栖方向进化，却没有获得进一步的发展。当最后一只始祖象在3200万年前消失在碧波荡漾的法雍浅海中时，这个古老的家族也终于走到了尽头……

尤因它兽

酷暑难耐，一个庞然大物正泡在泥塘中享受清洁肌肤的快感，只把头和脊背露在外面。这是一头雌性尤因它兽，除了头上长有6只奇形怪状的短角和一对獠牙外，体积和形态都很像大块头的犀牛。它不怕这里的任何猛兽或鳄鱼，然而小小的昆虫却给它造成了不少麻烦。成群的蚊蝇总在它脑边乱飞，藏身在皮下的寄生虫也不时吮吸着它的鲜血，只有泡在烂泥里才能暂时好受一些。由于靠近火山口，这里的淤泥含有丰富的矿物质，附近的许多哺乳动物都不时来此做“泥浴”。此时两头半大的冠齿兽和一小群始马就在较浅处惬意地打着滚，但它们似乎对旁边的这个大个子心存忌惮，因为尤因它兽很容易莫名其妙地受惊，向周围毫无目标地乱撞一气。幸好今天这头雌性尤因它兽不像雄性那么容易暴躁，对周围那些聒噪的小家伙无动于衷。

史前动物档案

中文名称：尤因它兽

生存年代：始新世

生物学分类：恐角目

主要化石产地：北美洲、东亚

体形特征：身长约4．0米，肩高约1．6米

食性：植食性

释义：尤因它山区的野兽

此刻它正感到腹内胎儿的跳动，本能告诉它不能继续在这里泡下去了。比平时更强烈的饥饿感驱使着它爬出泥塘来到岸边，在灌木丛中开始了漫长的进食……

在恐龙灭绝了2000多万年后，尤因它兽是陆地上首次出现的“巨兽”。它与大象、犀牛或河马等今天的大型动物都没有太近的亲缘关系，而属于一个早已消逝的古老门派——恐角类。

晚古新世，踝节类中的一支走上了迅速大型化的道路，发展为恐角类这样的巨兽。其最早成员如亚洲的原恐角兽，在当时已算是体形很大的，约相当于一头黄牛，与北美洲的同族在身体结构上有诸多相似之处。这显示出当时两个大陆有密切的联系。它们的头上还没有角，不过长着一对较发达的上犬齿，双颌和其他牙齿的构造也说明它们走的是专一的植食性路线。

到了早始新世，各种“超重量级”成员先后出场。漫游于亚洲和北

美洲的尤因它兽就是其中最有名的。其形象常作为早期灭绝古兽的代表出现在插图中。如尤因它兽因化石最初发现于美国西部的尤因它山区而得名，其身长约4米，肩高约1. 6米，体重可达2至3吨，几乎与白犀牛一样大。虽然它们的外表有些像犀牛，但原始的脚趾结构更接近貘，大腿长、小腿短的四肢又似乎显示与象族的联系。

其实，总体而言，尤因它兽只像它们自己。小脑子表明其智商应该很低，尚显原始的牙齿也暗示着它们的脆弱，而6只怪异的角可能像鹿类那样有皮肤覆盖，难以作为打斗武器。雄兽伸出上颌的大獠牙长达约30厘米，下颌还伸出一对容纳獠牙的护叶，使其显得更加面目狰狞。不过，这种“剑齿”并非致命的捕猎武器，可能也不是用来剥开树皮或掘开土壤的工具，很可能只用于雄性同类间的争斗或炫耀。

在竞争者和捕食者都很有限的时代，尤因它兽及其恐角类伙伴度过了一段黄金岁月。从中始新世起它们便迅速衰落，早渐新世之后没有留下任何后裔。即便如此，它们仍不失为开启哺乳类“巨兽时代”的先驱，其雄姿将永远被人们所津津乐道。

渐新世和中新世动物

渐新世和中新世指3370万年前至532万年前的这一段地质时期。渐新世的命名源于希腊语，意思是“近代族类很少的世”，指在渐新世期间所产生的现代动物为数稀少。中新世位于上新世之前、渐新世之后。

陆栖动物

渐新世和中新世时，猴类和类人猿取代了原始的灵长类，部分非洲猴类也横渡大西洋移居到了今天的南美洲。随着禾草类的拓展，类似现代草食性的哺乳动物也一一现身。

水栖动物

渐新世的海中已经出现了我们熟悉的鱼类，淡水中则进化出鲤鱼、鲶鱼和其他鱼类。现在的鲸类在渐新世发展起来，最早的海豹则是由外形似熊的祖先演化而来的。

库班猪

在大约1500万年前的中中新世，位于青藏高原脚下的我国甘肃和政地区的气候炎热湿润，湖泊星罗棋布，草木繁茂。清晨笼罩在一层潮湿的薄雾之中，此起彼伏的鸟儿欢叫声，将一头年轻的雄性巨库班猪从睡梦中唤醒。它抖散身上的露水，从昨夜栖身的灌木丛中走了出来。与雌性库班猪不同，成年雄性库班猪是单独生活的，也没有什么固定巢穴。之所以如此逍遥，是因为成年雄性库班猪体形太过魁梧，其身长近3米，安全系数颇高。

今天这头年轻的雄猪非常烦躁，繁殖期性激素的强烈分泌使它成了极其危险的“狂暴战士”。围着附近巡视几遍后，它并没有嗅出有任何异性到来的信息，终于感到一阵干渴，于是一路跑到山坡后的湖边。这里铲齿象一家早已开始了早餐，安琪马、萨摩麟、和政羊等拥挤在一起尽情地畅饮。库班猪没有丝毫犹豫，径自挤了过来，扑进

史前动物档案

中文名称：库班猪

生存年代：中新世

生物学分类：偶蹄目

主要化石产地：亚欧大陆、非洲

体形特征：身长近3．0米

食性：杂食性

湖水中。这些邻居们似乎正喝得兴起，并没有散开的意思，但很快它们就转移到其他地方了，因为清澈的湖水早已被那个大家伙搞得一片浑浊。这头库班猪要尽情地折腾，准备带着一身致密的泥装再去寻找它的新娘。它是如此专注，以致对丛林中缓步走向身旁湖岸的一头半熊熟视无睹……

库班猪属于偶蹄目猪形亚目中的猪次目、猪科。猪次目是猪形亚目的演化主干，其成员的基本特征是都长有全部44颗牙齿，颊齿是低冠的丘型齿，犬齿强烈凸出。这表明它们并非高度特化的食草动物而能适应杂食；四肢结构比鹿类、牛类原始，脚上一般有4个脚趾。它们中最早的是渐新世出现的原古猪，中新世后进入黄金时期，在亚欧大陆和非洲发展出几个分支，仅在和政地区出现的就有库班猪、弱獠猪两种利齿猪以及稍晚出现的弓颌猪，这其中往大型化发展的主要是库班猪及其近亲利齿猪。

据化石材料和现代古生物学家们的研究，库班猪类起源于非洲，但后来在亚欧大陆北部兴盛一时。经过长期演化，它们的外形与今天的各类野猪大不一样，体形像野牛一样巨大，体重500～800千克，四肢也更粗壮且较长。头骨化石仅下颌就近1米长，宽约30厘米，上颌则有一对向外伸出的巨型獠牙。它们在眼眶上有疣猪一样的颊突，可能用于在争斗中保护眼睛。更奇怪的是它们在额头上还有一只明显的角，成年雄性尤为粗大，这在通常不长角的猪类家族中显得非常特别。

在当时的环境下，食肉动物主要有后猫、戈壁犬、剑齿虎、半熊以及包括后期出现的巨鬣狗在内的几种鬣狗，其中只有后三者能对成群活动的雌性库班猪及其幼崽产生威胁，而对于独来独往的成年雄性，几乎没有什么敌人敢招惹它们。

凭借着极强的适应性和高繁殖率，猪类的大型化分支在中新世的亚欧大陆乃至非洲获得了极大的成功，它们遗留下的化石成了不少地区中新世地层标志性的动物代表。虽然最终这个分支伴随着库班猪和利齿猪类的相继灭绝而悄然而止，但这并不是唯一的一次。早更新世后，猪类演化中再次出现大型化的趋势，但只局限在非洲大陆。在今天的西非雨林中，还生活着一种被称为巨林猪的大型野猪。它们的体重超过200千克。从它们身上我们或许可以想象，当年更为庞大的史前巨型猪类是如何的不可一世。

巨鬣狗

湖边上，一群无鼻角犀正在休息，几只巨鬣狗正趴在树下看着它们。其中一只巨鬣狗起身向犀牛走去，其他的也相继站了起来，懒散地慢慢靠近。但犀群对此并不在意，因为它们已在这群无鼻角犀周围活动了好几天，却从未做出过挑衅的动作，犀群也就逐渐放松了对它们的警惕。然而这一次，巨鬣狗开始攻击了，它们公然朝无鼻角犀群咆哮着，还不时冲进犀群乱咬。犀牛们开始还很冷静紧密地靠在一起，但很快就被巨鬣狗冲散了。巨鬣狗不停地在其中穿插奔跑，寻找合适的目标。突然犀群边上出现一阵骚动，而当它们平息下来时巨鬣狗早已离开了。这些比今天的非洲狮还要魁伟的掠食者聚到灌木丛边停下，而一头母犀站在犀群外吼叫着，它的孩子就在刚才的混乱中被巨鬣狗拖走了………

史前动物档案

中文名称：巨鬣狗

生存年代：晚中新世

生物学分类：食肉目

主要化石产地：中国

体形特征：身长2.4～3．0米，肩高1.5～1．7米

食性：肉食性

释义：巨大的令人恐惧的鬣狗

鬣狗在非洲是一类相当成功的动物，今天仍广泛分布于整个非洲和亚洲部分地区。鬣狗科成员体形相似，前腿比后腿长，头部和体形都有几分像狗。但它们实际上属于猫型亚目，和灵猫的关系很近。与现代鬣狗相比，史前鬣狗的种类相当繁多，不过大多数都只是鬣狗家族进化历史中的旁支，其中之一就是鬣狗演化史上最恐怖、最高大的成员——巨鬣狗。其实，若严格按其拉丁学名翻译，它们本该叫巨霸鬣狗，但巨鬣狗这个并不很规范的名字既然已约定俗成，也就没有更改的必要了。

巨鬣狗是古生物学家舒尔塞在1903年根据中国一些产地不明的牙齿建立的鬣狗新种。虽然学界并不怀疑这个种的有效性，但当时的化石实在太少，后来也一直没有找到更完整的材料，所以人们

并不清楚它到底是一种什么样的鬣狗。直到1983年，第一块巨鬣狗头骨化石在中国甘肃和政的新庄乡出土，学界才发现它们代表了鬣狗科中一个极为特化的分支。经研究，人们决定将其归入此前创建的巨霸鬣狗属。

巨鬣狗身长超过2米，肩高1米以上，而体重根据国内学者推测应在200到240千克左右，最大的可能有300千克。无论是大小还是体重，它们都超过现代除熊类之外的所有陆地猛兽。它们的头骨尤为硕大，可达40厘米左右，颊齿也更加大而粗壮。

巨鬣狗的牙齿和肌肉异常发达，但作为增大身躯的代价，其速度和敏捷性必然会下降。那么身材略显笨拙的巨鬣狗的生活习性又如何呢？有学者认为，由于它们过于笨重、不适合长时间追逐，所以可能仗着身大力猛而抢夺尸体或其他食肉兽口中的猎物。

然而在现存的大型猛兽中，虽然很多都有抢夺较小食肉动物的行为，但并没有纯粹以此为生的物种，因此巨鬣狗不太可能是依靠抢夺过活的动物。此外，最近发现的巨鬣狗肢骨化石显示，它们的身躯、四肢与现代鬣狗相比只是更大些，而在比例上相差不多，说明巨鬣狗可能并不笨重。

晚中新世结束时，巨鬣狗家族也走到了发展的尽头。它们的脚步渐远，最后消失在广袤的红土层中……

山猿

太阳消失在森林深处，只有月光静静地洒向大地。林间空地上有许多矮小的灌木，它们鲜嫩的叶子和美味的浆果吸引了许多夜间行动的小动物和昆虫前来觅食。山猿是这片空地的常客，对这些古猿来说，选择在森林地带活动不是最好的选择，但是为了丰富的食物，冒险也是值得的。这些大小类似长臂猿的动物正在不停地采集着鲜美的食物，它们还不知道，地球上又要经历一次强烈的气候变化，而这次变化将把山猿家族彻底清出地球生物演化的舞台……

除了直布罗陀要塞中的一小群猕猴，今天的整个欧洲除了人类之外已经没有灵长类了。然而在史前时期，这里曾是灵长类非常繁盛的地区，而很多早期的重要发现也恰恰是在欧洲。1871年发现的山猿就是中新世时期生活在欧洲的众多高等灵长类之一。

史前动物档案

中文名称：山猿

生存年代：晚中新世

生物学分类：灵长类

主要化石产地：欧洲

体形特征：体重约30千克

食性：植食性

释义：山上的灵长类

山猿是个充满疑问的物种，它们的化石相对比较丰富，然而其分类地位却一直存在很大争议。

1871年，意大利北部蒙特班博利煤矿的褐煤层中出土了一件不完整的高等灵长类下颌骨，并于次年被命名为山猿。此后又陆续有很多山猿化石被发现，其中最重要的是1958年在意大利巴采内洛的褐煤层中发现的一具受到挤压但相当完整的年轻山猿化石，这在已发现的灵长类化石中也是很少见的。

由于山猿的化石主要发现在褐煤层中，所以通常推测它们可能生活在河边多树的沼泽地带，而不在密林中或稀树草原地区。山猿牙齿的特征表明它们是植食性的，主要食物可能是森林中的树叶、根茎、果实等。

山猿生活的地方在当时是个孤岛，山猿诞生的时候，那里已经与世隔绝了至少200万年。当时的岛上并没有大型猛兽，而山猿在岛上独自演化。随着时间的推移，海岛和大陆相连，岛上的物种难以和大举入侵的大陆动物竞争，山猿也和岛上的很多其他动物一起灭绝。

在中新世的高等灵长类中，有许多在分类地位上都有一定争议，而山猿受到的争议尤其大。同时，人们对山猿的习性和运动方式也意见不一。对于山猿的分类，曾经有属于原始副猿类、属于旧大陆猴类、属于猩猩类、接近人类或者自成一类等多种分类方法，让它们几乎在旧大陆高等灵长类的各个分支中转了个遍。

在牙齿、下颌和肢骨上，山猿有许多与人类相似的特征，但也有许多构造接近现存的猕猴类和猿类。它们的前肢长于后肢，表明它们可能像亚洲猩猩、长臂猿那样在树上悬荡，然而其脊椎和骨盆又显示它们或许有能力直立行走。如果确实如此，它们将是人科(包括南方古猿和人类)之外唯一能采用这种行动方式的灵长类，而且无疑比最早的人科成员早很多。不过，也有不少学者反对这一观点。

很难判断有哪些史前高等灵长类和山猿的关系更近，只是山猿的牙齿有一些特化特征与肯尼亚发现的尼安萨猿很接近，因此后者可能是山猿最近的近亲，也有人将尼安萨猿归入山猿一类。尼安萨猿的年代比山猿早，有可能山猿是由其演化来的。目前，学界对山猿的各种争论依旧存在，而要揭开它们身上的各种谜团，恐怕还要依赖将来的更多研究和发现。

始羚

丛林深处，一个若隐若现的影子在森林中穿行，小巧的身躯钻过

史前动物档案

中文名称：始羚

生存年代：早中新世

生物学分类：偶蹄目

主要化石产地：中国、巴基斯坦、欧洲

体形特征：体大如猫

食性：植食性

一株株灌木。这是一只年轻的雄始羚，它闻到了雌性留下的发情信号，强烈的亢奋驱使它不顾一切地向前追寻，路上的障碍和尚未露面的天敌似乎都不再重要。终于，它在一棵橡树底下找到了雌始羚，后者正趴在树根交结处的一个小坑中，下垂的草叶刚好盖住它娇小的身体。年轻的雄始羚一步步小心接近，并低头发出低促的求偶呼叫。20分钟过去了，之前一动不动的雌羚晃了晃脑袋，站起身来。

正当年轻的雄始羚内心窃喜之时，一只更大、更老练的雄始羚钻出了灌木丛。这是年长者的一种策略，因为雄性专心求偶时很容易遭到天敌袭击，不如躲在一旁等着捡桃子更省力、安全。老雄羚挡在对方面前，低头用两只短粗的角指向对方，口中发出威胁性的声音。年轻的雄始羚也不示弱，用同样的姿态回敬着，头颈上的毛发都竖了起来。突然，它们同时奋起一跃冲向对方，脑袋顶在一起，不过都毫发无伤。接着它们开始用前腿相互踢打，在地上翻滚着，而一旁的雌始羚则饶有兴致地看着这一幕……

在1800万年前的早中新世，始羚曾生活在亚欧大陆的广大地带。正如其名，它们不仅是最早的羚羊，而且很可能是所有现生牛科动物的共同祖先。无论是家养的山羊、绵羊、黄牛、水牛，还是非洲草原上的瞪羚、峭壁悬崖间的岩羊和南亚丛林中的野牛，全都是它们的后代。

始羚和成年家猫差不多大，四肢细长，头上长着一对短粗的犄角。别小看这对犄角，它们体现了牛科动物的基本特点：角外层是表皮衍生出的几丁质角鞘，里面是骨质的角心。这种不分叉的坚硬犄角是牛科动物特有的，它们也因此被称为洞角类。

此外，始羚的牙齿也是典型的牛科动物样式：没有上门齿、犬齿和上下第一前臼齿、颊齿呈新月形，齿冠较高。这种齿型具有很强的研磨能力，适合咀嚼较粗糙的植物。不过，对生活在森林底层的始羚来说，有丰富的树叶、嫩芽、水果和树皮可供它们食用，用不着太好的牙口。

由于始羚身上已具备较为完善的牛科动物特征。一直有人怀疑应该存在比它们年代更早、形态更原始的牛科成员。我国科学家也曾在内蒙古约3000万年前的地层中发现过一些“疑似”牛科动物的化石标本，但可惜只有破碎的下颌骨，无法对其牙齿和角进行分析，更难准确地判定其身份。因此，始羚目前仍是牛科已知的没有争议的最早成员。

在始羚出现后的800万年间，牛科动物虽然种类有所增加，但在

食草动物中仍只是一个较次要的类群。直到晚中新世，随着气候逐渐变得寒冷干燥，大片的草原取代森林，它们善奔跑、耐粗食和具备反刍能力的优点终于有了用武之地。我国地质史上较著名的和政羊、陕西转角羚、原大羚和乌米兽等牛羊类都出现在这一时期，同时羚羊类也开始从非洲崛起。此后，牛科成员在复杂动荡的几百万年间一步步发展演化，凭借自身的种种优势成为食草动物中最具适应力、最繁盛的类群。

始羚的后裔遍及亚欧大陆、非洲和北美洲的各个角落。总数超过10亿头的家养牛羊也显示着它们对人类是多么重要。作为偶蹄类中的佼佼者，它们理应得到我们的尊重与爱护，在此后的更长时间里继续自己的辉煌。

上新世动物

上新世由约532万年前延续到约260万年前，是新近纪（新第三纪）中最后也是最短的一个世。上新世地层见于世界各地，与其他相邻时代的岩床的分界比较分明，但其精确的时间范围还不十分确定。

陆栖动物

上新世时的动物大致上与现在的动物种类相差无几。在草原上，生活着单趾马、骆驼、象和羚羊等有蹄的哺乳动物，大型的剑齿虎穿梭在今天的美洲、非洲、亚洲和欧洲的平原上，而最早的人类也进化出现了。

海洋中的动物

上新世的海洋中，现代鲸类已经取代了较原始的鲸类。由于南北美洲之间的大陆桥的存在，海栖动物无法从大西洋迁徙至太平洋，因此在加勒比海就进化出许多独一无二的鱼类和其他比较特殊的动物。

巴博剑齿虎

在几只鼬鬣狗的咬噬下，一匹三趾马嘶叫着倒在夜色之中。鼬鬣狗们刚要享用猎物，突然听见身后响起低沉的咆哮声，一声比一声震耳欲聋。鼬鬣狗群中出现了一阵骚动，接着它们看到一只大如雄狮、壮比棕熊的巴博剑齿虎摇着尾巴出现在前方。这是一只成年雄虎，它已将近一周没吃东西了，4天前抓一头小嵌齿象时还被母象的长牙划伤了后腿。虽然眼下正落魄，但威风犹在，其体重和力量都超过这几只鼬鬣狗的总和。它缓步向鼬鬣狗逼近，做出威胁的动作，接着故作轻松地趴下来张开大嘴，2颗长剑般的犬齿让鼬鬣狗们不由得颤抖着后退了几步。它又起身略微向前靠近，用吼叫回击着鼬鬣狗们的狂吠，接着一步扑到三趾马的尸体上，后腿却站立不稳打了一个趔趄。刚刚退让一旁的鼬鬣狗们看得真切，又大起胆子走上前来。巴博剑齿

史前动物档案

中文名称：巴博剑齿虎

生存年代：中新世～早上新世

生物学分类：食肉目

主要化石产地：亚欧大陆、北美洲

体形特征：身长约3.5米（弗雷基巴博剑齿虎）

食性：肉食性

释义：巴博的猫

虎忍住疼痛，将身体缩紧做出反击的姿态，伸出一只前爪在空中挥舞了几下。鬣狗们终于放弃了，掉头小跑着离开。巴博剑齿虎松了口气，开始低头撕扯身下的尸体。

严格意义上的“剑齿虎”只包括猫科剑齿虎亚科的成员，而其他的剑齿猎手只是与剑齿虎长得较像，分类上并非同族。在正牌的剑齿虎出现前，还曾有一类外表很像它们的剑齿食肉兽广泛分布在各个大陆。它们就是假剑齿虎科动物，包括恐齿猫、始剑齿虎和祖猎虎等。到了1500万年前的中新世初期，大部分假剑齿虎类已灭绝，但比它们更加可怕的假剑齿虎——巴博剑齿虎正于此时开始席卷亚欧大陆和北美洲。其中几种只有豹子般大小，而晚期的弗雷基巴博剑齿虎几乎和最大的非洲狮一样大。

弗雷基巴博剑齿虎不仅是历史上最大的非猫科剑齿动物，也是最早被发现的。1947年，古植物学家巴博在美国内布拉斯加州发现了它们的化石。由于巴博几天后不幸撒手人寰，学界就用他的名字命名这种恐怖的掠食者。巴博剑齿虎体形硕大粗壮，其肌肉异常发达，尤其是前肢很有力量。它们的眼睛长在头部两侧而不是接近正面，极有可能是为了更方便地使用剑齿、减轻嘴巴张大时对面部的压力。其剑齿呈扁长的弯刀状，边缘锋锐，最长可达22厘米左右，在所有剑齿动物中几乎是最发达的；下颌虽衍生出巨大的护叶，但也只能遮盖剑齿的一半。

巴博剑齿虎是当时地球上最凶猛的陆地食肉兽之一。不过，它们强壮有力却不善奔跑，在捕猎时可能是用前肢奋力将猎物扑倒并压住，然后使出剑齿完成致命的攻击。然而它们扁长弯曲的剑齿容易使其骨骼碰碎或深陷血肉中难以拔出，因此现在一般认为巴博剑齿虎、始剑齿虎、袋剑齿虎和刃齿虎等“马刀牙”动物主要将剑齿用于切割而非穿刺。

由于身体过分特化，难以适应变动的环境，再加上猫科剑齿虎的出现，巴博剑齿虎在500万年前的早上新世便销声匿迹。它们的消失，意味着猎猫科动物从此彻底退出历史舞台。

豹斑西瓦猎豹

秋风扫过华北平原，树叶一片片落下，草原的颜色也由鲜绿开始转为枯黄。一只雌性豹斑西瓦猎豹伫立在小丘顶上，注视着远处南下的兽群：小山般的古菱齿象、双角细长的短角丽牛，还有埃氏马、双叉麋鹿和各种羚羊的庞大队伍，好似一场声势浩大的游行。对食肉动物来说，它们也必须利用这段时间为自己贴贴秋膘，以度过即将到来的

史前动物档案

中文名称：豹斑西瓦猎豹

生存年代：上新世

生物学分类：食肉目

主要化石产地：亚欧大陆

体形特征：身长2.0～2．5米，肩高0．9～1.2米

食性：肉食性

释义：具有豹的花纹的西瓦利克的豹

寒冬。何况，这头豹斑西瓦猎豹还要考虑身边的两个孩子。这两个小家伙已到了独自闯天下的年龄，但这母子3人的感情很好，而且一起生活既能提高捕猎效率，也不用担心锯齿虎和鬣狗前来骚扰。然而在食物稀少的冬天，三张嘴总是比一张嘴难填饱的。雌猎豹走下山丘，看见稚气未脱的一双儿女正在草地上打滚戏耍。它走上去，温柔地舔舔儿女们毛茸茸的脸，自己也感受着同样的爱抚。3个头凑到一块，喵喵地叫了一阵后又分开了，一个个站起身走向草原中若隐若现的兽群。

比起狮、虎、豹等猫科猛兽，猎豹的生存史更古老，与它们的血缘也不算近。最早的猎豹类生活在非洲，后来有一部分进入亚欧大陆，其演化和迁徙几乎与它们的主要猎物——瞪羚类是同步的。大约300万年前的上新世最晚期，现代的猎豹出现了，它们最古老的化石和早期人类遗迹一起出土于坦桑尼亚的地层中。几乎与此同时，它们的北方兄弟，更加庞大强悍的豹斑西瓦猎豹也出现在地球上。

豹斑西瓦猎豹在晚上新世曾繁荣一时，从中国、印度、中亚到西欧都

发现过它们的化石。其大小约是现代猎豹的1.5倍，几乎就是现代猎豹的简单放大版。之所以长得这么大，很可能是因为大体形有助于在较冷环境下保持热量。而且由于脂肪较少，它们很可能身披较厚的长毛。

那么，豹斑西瓦猎豹是否能像现代猎豹一样疾驰如风呢？有人认为它们可能跑得没有现代猎豹快，但也有人认为凭借更大的身体和更发达的肌肉，豹斑西瓦猎豹的冲击力更强，足以对付稍大些的猎物，如成年的中型羚羊或幼野马。

虽然豹斑西瓦猎豹比现代猎豹强大得多，但在当时亚欧大陆上的各种锯齿虎、鬣狗乃至熊类面前，它们还是相对的弱者。为了获得速度，猎豹类的犬齿缩小以增大呼吸进气量，爪子也为增强抓地性能而无法完全缩回，被磨得很钝。它们每次奔跑都要消耗极大能量，导致捕猎成功后往往筋疲力尽，无力抵抗前来抢夺猎物的其他猛兽。对体形大且生活在较冷环境中的豹斑西瓦猎豹来说，这个问题更加严重，因为它们所需的热量更多，而且很少形成可以互相保护的集群。此外由于猎物较大，它们与其他猛兽间的直接竞争也更为激烈，不像现代猎豹那样可以经常抓抓雉鸡、野兔充饥。

近200多万年来，气候和环境的剧变对所有动物都是严峻考验。在残酷的选择中，豹斑西瓦猎豹和其他很多古老类群一起消失了，而体形较小的中间猎豹和更新猎豹接替了它的位置，但又遭到人类的无情猎杀。到21世纪初，只有东非、南非和伊朗的少数保护区内还能看到野生猎豹的身影。虽然目前人类保护猎豹的努力还面临许多困难，但可以相信，只要更多人能够觉悟，这种充满活力的猫科动物还将与人类一起共存很长时间。

猛犸象

在西伯利亚的旷野上，已经飘起了雪花，这是寒冬来临的预兆。一群真猛犸象正从山脊上走过，它们将与其他同类汇集成大群，一起迁徙到南方去躲避严寒。下面的河流已经泛滥到了平原上，猛犸象们可不希望踩到沼泽里或滑倒在光滑的河石上，因为这对于笨重的它们无疑是一场灾难。所以这群猛犸象的老首领带领族群走上山脊，以躲避泛滥的河水。

山脚下，一头年轻的雄猛犸象的尸体在寒风中早已僵硬，它是失足摔下悬崖的，大半个身体都被松垮的土埋了起来，河水浸湿了它的皮毛，它空洞的目光望着天空。而悬崖因为水的冲蚀正在不断崩塌，土块不断地跌落到下面的猛犸象的尸体上……

猛犸象俗称长毛象，曾在近几十万年来分布于爱尔兰、欧洲、西

中文名称：猛犸象
生存年代：上新世～早更新世
生物学分类：长鼻目
主要化石产地：欧洲、亚洲和北美洲
体形特征：身长5.0～6．0米，身高2．5～3．0米
食性：植食性
释义：地下潜伏之兽

伯利亚、中国、美国等北半球的广大地区。这些披着浓厚皮毛的象类是冰河期的典型标志，也是人们最熟悉的古生物明星之一。上文中提到的真猛犸象是整个猛犸象家族的代表，除此之外人们还在亚洲发现了平额猛犸象、南方猛犸象以及北美洲的帝王猛犸象、哥伦比亚猛犸象、小猛犸象和产于俄罗斯偏远岛屿的弗兰格尔猛犸象。

真猛犸象是猛犸象家族中数量最多、灭绝最晚的一种。它们可能最早出现于中更新世或者晚更新世早期，是一种高度特化的真象。它们的头骨短高，门齿强烈旋转成螺旋状，最长者超过5米，臼齿的齿冠非常高，能吃硬草。它们在猛犸象家族中其实算是中等偏小的，个头不比现代亚洲象大多少。最近的研究显示，真猛犸象之间的毛色差异可能很大，可能不同时间、地点和亚种的真猛犸象都有自己特殊的毛色。

根据人们对其形态和DNA的分析，猛犸象与现代的亚洲象的关系要远远近于和非洲象的关系。分析结果表明，猛犸象和亚洲象分化的时间并不长，但其中一些很关键的信息仍未被人们掌握，或许它们的进化史比以往认为的要复杂得多。现在一些人试图通过保存下来的猛犸象冻尸克隆出活猛犸象，但已发现的猛犸象遗骸中的DNA大多已非常破碎，现有技术几乎无法将其用于克隆，因此就现在看来这还是一个比较遥远的梦。

真猛犸象之所以为人所熟悉，是因为我们不仅挖掘到许多保存完好的真猛犸象化石，而且在俄罗斯的冻土层中还屡次发现了保存完好的真猛犸象尸体。这里面不仅有成年真猛犸象，也有真猛犸象幼崽，其中最著名的是1900年在俄罗斯别列索夫河旁发现的成年真猛犸象和1977年在苏联鄂霍次克海附近发现的一头1岁左右的小雄象。此外，在西欧的石器时代先民曾居住过的洞穴中，人们发现了一些真猛犸象的绘画作品。正是得益于这些发现，人类才有可能对真猛犸象类有更充分的了解，否则我们可能永远不会知道它们真正的样子。

在真猛犸象抵达北美洲前，当地已有它的同类捷足先登了，这就是帝王猛犸象。这种猛犸象最早发现于美国内布拉加斯州，体形比真猛犸象还大，在稍早的时候通过白令陆桥抵达北美洲，一度相当繁盛，但当真猛犸象出现后它们逐渐在竞争中落败。

帝王猛犸象灭绝没多久，北美洲的大陆上又出现了更庞大的猛犸象，这就是哥伦比亚猛犸象。它们在晚更新世的北美洲相当常见，曾广泛分布于北美洲南部。其大者可达约4米高、10吨重左右，超过一般的非洲象。哥伦比亚猛犸象虽然属于猛犸象家族，却没有那么浓密的长毛，因为它们生活在相对温暖、潮湿的南方地区。但是在更新世结束时，它们的麻烦来了。因为这些巨兽虽然喜欢温暖地带，但气候的持续转暖对缺乏有效散热构造的它们是致命的，因此它们只得被迫向北迁徙。但同时它们又缺乏在北方能保持体温的体毛，于是随着更新世结束。哥伦比亚猛犸象也黯然退出了北美洲的生物圈。

对各种猛犸象灭绝的原因，人们众说纷纭，有人说是急速回暖的气候导致了它们的消亡。这些动物消失的原因像以往那些大灭绝一样令人着迷，不过也如同多数动物灭绝的答案一样，我们可能永远无法知晓在这些冰河巨兽身上到底发生了什么。现在在北方地区仍然能见到漫天的飞雪和咆哮的寒风，但是人们却再也见不到在风雪中昂首迈步的猛犸象了。这些曾经漫游整个北半球的巨兽已伴随着雪花，永远消散在西伯利亚的旷野上。

更新世动物

更新世开始于260万年前，结束于1万年前，是构成地球历史第四纪的两个世中较早也是较长的一个世，在此期间发生了一系列冰期和冰期间气候回旋。地层中所含生物化石，绝大部分属现有种类。

陆栖动物

寒冷的冰川气候迫使北半球的蜥蜴、蛇类和滑体两栖类动物向南迁徙，并发展出多种有毛皮、更能适应寒冷气候的大型哺乳动物，其中包括新的猛犸象、巨型犀类等。而新的人种也在今天的非洲、欧洲和亚洲出现，并开始影响大型动物的多样性。

海洋中的动物

更新世时，由于海平面下降，珊瑚和其他造礁动物都受到影响，并且由于全球的气温较低，寒带水鸟和海洋哺乳动物的分布范围比现在要大得多，如今这类动物仅见于极地水域。

巴氏大熊猫

夕阳的余晖笼罩着竹林，天空的云朵反射出太阳最后的色彩，温暖的米黄色把一切都包围在温馨的气氛中。2只巴氏大熊猫正在亲昵地相互舔着皮毛，那只小点儿的已经1岁半，对于巴氏大熊猫来说，这个年纪的熊猫该离开母亲，独立生活。但是这只幼熊猫一直赖在雌熊

史前动物档案

中文名称：巴氏大熊猫
生存年代：早更新世～中更新世
生物学分类：食肉目
主要化石产地：中国、越南及缅甸北部
体形特征：身长约2．0米，肩高近1．0米
食性：植食性
释义：培根的熊猫

猫身边，又多待了半年。雌熊猫知道，如果孩子再不离开的话，就没有办法让其独立生活了。它最后一次帮孩子清洁完皮毛，像往常一样晃着肥大的身体走进了竹林。幼熊猫欢快地哼唧着，揪住身旁的竹笋玩了起来。它并不知道，母亲这次离开后再也不会回来了，它从今天起将独自生活，闯荡世界……

中国广西是南方动物群的主要化石产地之一，这里发现过不少巴氏大熊猫的化石。它们个体较大而粗壮，身长约2米，牙齿要比现代大熊猫大1/8左右，咀嚼面的构造略微复杂些。

巴氏大熊猫是大熊猫中最大的一个亚种。它们最早出现在早更新世晚期，到中更新世已广泛分布在我国西南、华南、华北和华中地区，并且到达了越南和缅甸北部。这个时期可以说是熊猫家族的鼎盛时期。大熊猫与牛羚、鬣羚、剑齿象等动物组成了南方更新世著名的“大熊猫——剑齿象动物群”。到中更新世晚期，巴氏大熊猫逐渐进化成现代大熊猫，同时它们的分布范围和数量继续缩减，身体也逐渐变小，最后成为今天濒临灭绝的“活化石”。

巴氏大熊猫的头骨粗短，吻部不长，躯干粗壮，四肢强健。大熊猫虽是外表憨态可掬的植食性动物，但仍保留了食肉祖先的尖利脚爪和凶猛习性。因此比普通大熊猫体形更大的巴氏大熊猫可能也不是好惹的，当遇到食肉动物时会拼死一搏。

与其他食肉动物类群相比，大熊猫的进化过程比较单一，没有太多分支。已发现的化石材料显示，早在800万年前的晚中新世，中国云南禄丰等地的热带潮湿森林的边缘，就生活着大熊猫的祖先——始熊猫，其体形犹如一只较胖的狐狸。由始熊猫进化的一个旁支叫葛氏郊熊猫，分布于欧洲的匈牙利、法国等地的潮湿森林，在晚中新世灭绝。而始熊猫的主支则在我国的中部和南部继续进化，其中一种在大约300万年前的更新世最早期出现，体形只有现生大熊猫的一半大，像一只胖胖的狗。它们是小种大熊猫，牙齿已进化成适合吃竹子的类型。此后大熊猫进一步适应亚热带竹林生活，体形逐渐增大。

既然大熊猫的远祖是凶猛的食肉兽，却为何会选择吃竹子这样的生存方式呢？从生态区位来看，动物很少食用竹子，大熊猫选择吃竹子可以避免和其他动物的正面竞争；从生物进化的角度来看，大熊猫其实是一种已进入衰亡阶段的动物，人类的发展只是加快了它们衰亡的速度。

现在对大熊猫的保护很难说会不会真正拯救这个史前遗老，不过我们仍然不希望这些可爱的熊猫真的在哪一天彻底消失在竹林中。

大角鹿

中更新世的中国北方地区气候温暖，植物非常繁茂，一群大角鹿四散在森林边的空地上休息。为首的雄鹿在来回巡视着自己的族群，眼下已进入繁殖季节，它必须时刻警惕别的雄鹿前来挑衅。

灌木丛后，一群变异狼正在贪婪地盯着鹿群里的小鹿，它们不敢对身高体大的成年大角鹿下手。没有任何前兆，7匹变异狼突然出现在鹿群面前，猝不及防的鹿群惊恐万分，一只倒霉的小鹿很快就被变异狼扑翻在地，其他大角鹿趁这个时候赶紧跑远，让变异狼去吃它的大餐去了……

大角鹿类化石分布于亚欧大陆和非洲的更新世地层中，尤以中更新世最为繁盛。这类动物的起源目前还没有定论，从所发现的化石来看，它们的角在进化当中迅速增大，同时身体也相应地大型化。这

史前动物档案

中文名称：大角鹿

生存年代：更新世（在偏远岛屿延续到公元前2500年）

生物学分类：偶蹄类

主要化石产地：亚洲、欧洲

体形特征：身长约2．5米，身高约2．0米

食性：植食性

释义：长有巨大的角的鹿

是因为角越大它们就越容易得到雌性青睐，繁殖的后代就越多，这是一种生殖上的自然选择。

亚洲的大角鹿类与欧洲的大角鹿类其实是不同的。人们把中更新世期间分布在日本与中国等地区的大角鹿称为中华大角鹿，中华大角鹿类的一个特点就是眉枝掌状主枝非常发达。中华大角鹿类的多数成员都没有进入晚更新世。晚更新世期间，中国大陆上分布的主要是河套大角鹿，这种大角鹿个体高大，身躯粗壮，最特殊的是鹿角的眉枝和主枝都扩展成扁平的扇状，看起来如同头上顶了4个蘑菇。

不过更著名的大角鹿则是生活在100万年前到公元前2500年间的巨大角鹿。它们主要分布在欧洲地区和亚洲北部。尤其在爱尔兰发现了世界上最多和最完整的巨大角鹿化石，因此它又被俗称为"爱尔兰麋"。

巨大角鹿的面部较长，身材魁伟，一般雄鹿身长在2.5米左右，

身高2米以上。体形和现代最大的驼鹿接近，不过因为身材较苗条，体重要轻得多。它们的角是扁平的，向四周放射状伸出几个弯曲尖利的分枝，两角远端距离最远能达到约4米。这对巨大的鹿角重达45千克左右，所以它们的头颈和肩部拥有非常发达的肌肉，用来支撑沉重的鹿角。巨大角鹿并不是草原动物，它们虽然牙齿适合吃草，但仍是典型的生活在开阔林地里的动物。

像其他动物一样，巨大角鹿早期的个体并不大。最早的巨大角鹿亚种体形较小，头角向后方倾斜，而到后期它们无论体形还是鹿角都呈现持续增大的势头，并在晚更新世期间达到最大。

过去人们认为巨大角鹿的角太过笨重，影响它们的行动能力，每年更换的鹿角也是巨大的身体负担。但最近有人提出，巨大角鹿的消亡并不是因为角太大，而是因为幼崽太大。这种理论认为雌性大角鹿的繁殖和饲育幼鹿同样需要消耗许多能量，而且巨大角鹿众多的化石数量说明它们非常繁盛，不会因为巨角需要太多能量而感到食物匮乏。

巨大角鹿的骨骼构造也显示，它们绝对有能力轻松地顶着它们的大角。如果鹿角确实已经大到威胁它们的生存了，那么随着自然选择，它们的身体与角就会按比例缩小来保证物种延续。现代许多动物确实都比更新世时期的要小，如棕熊、马鹿和美洲野牛等，人们认为它们都是成功地从大型向小型转变的例子。在爱尔兰首都附近的泥炭沼泽里发现的化石显示，最后的巨大角鹿确实已向小型转化，只可惜没有取得成功。

古中华虎

中午的阳光很强烈，但是也没有穿透这里浓密的树林，地面上只落下稀疏的点点光斑，潮湿的地面生长起密密麻麻的蘑菇来。这些鲜嫩的菌类，吸引了很多鹿和猴子来这里采食。那些淘气的幼鹿和幼猴

史前动物档案

中文名称：古中华虎
生存年代：早更新世
生物学分类：食肉目
主要化石产地：中国
食性：肉食性
释义：古代中国的虎

很快就四散跑开了，成年动物忙于进食，也无暇照顾它们。它们没有发现，那块巨大的岩石上面正闪动着2个光点。这是一只雌性古中华虎，它的目光扫视着下面的鹿和猴子，选择要捕杀的对象。一只肥硕的母猴离它越来越近，最后就停在岩石下，坐在那里吃着蘑菇。古中华虎压低身体，肌肉紧绷，一个纵跃就扑了下去。猴子本能地向旁边一滚，躲过了它的攻击。但是还没等它再有什么动作，虎掌就重重地拍在了它的头上，猴子连尖叫都还没发出就死了，其他鹿与猴子吓得早就跑没了影。古中华虎叼起猴子的尸体，也迅速消失在浓密的灌木丛中。

虎是亚洲特有的动物，也是现存猫科动物中最强有力的。到现在人们还没有在亚洲以外的地区发现过虎的化石。现代虎种类很稀少，我们习惯说的东北虎、里海虎、华南虎等其实都是虎这个物种的一个亚种，而不是指独立物种。

虎和狮、豹同属于猫科动物中的豹属，今天人们只要通过毛色花纹的不同就能轻易分辨它们。但如果从骨骼来分辨的话，区分这些动物就比较困难了。一般情况下，虎与豹可以粗略的根据大小来划分，而虎和狮的区分就要麻烦许多，这两种动物身材大小相差不大，但是根据解剖学家多年的努力，目前已经可以通过头骨、下颌等一些细致的差别来区分了。

第一个古中华虎化石在1924年发现于河南省，瑞典古生物学家师丹斯基经研究后认为它兼有豹、虎、狮的特点，所以与豹、虎、狮都不同，而是一个独立的种，于是将其命名为古中华虎。尽管难以判断这些化石所处的地质年代，但与之一起发现了长鼻三趾马的化石，这种三趾马主要生存在晚上新世和早更新世期间，所以人们推测古中华虎可能也生存在200万年前左右的早更新世期间。

古中华虎到底是不是虎很长时间内都存在争议，曾有人认为古中华虎很可能是现代豹的祖先。德国生物学家海默在1967年的论文

中详细指出，古中华虎的绝大多数特征确实都和虎更为接近，体形比现代虎略小而比豹子大，应该属于现代虎的一个绝灭亚种。这一结论是比较可信的。即使古中华虎不是真正的虎，那么它与虎的关系也最为接近，所以古中华虎确实很有可能是虎的祖先。

现代虎不仅个体更大，头骨形态也与古中华虎有一定区别。在中更新世至晚更新世期间，北起哈尔滨，南到广西的广大地区都发现了许多现代虎的化石。人们认为，虎之所以能在中国扩散得这么快，应当得益于更新世时期大量的有蹄类动物和对新的气候环境的高度适应。虎类在发展起来后就开始全面向亚洲扩散，最后成为亚洲特有的大型猫科猛兽。

后弓兽

在100万年前的潘帕斯大草原上，很少能看到落单的后弓兽，因

史前动物档案

中文名称：后弓兽

生存年代：更新世

生物学分类：滑距骨目

主要化石产地：南美洲

体形特征：身长约3.0米，身高2.4~3.0米

食性：植食性

为这些奇特的滑距骨类动物非常喜欢大群的生活方式。然而，这次却有3头后弓兽掉队了。如此孤单的几头动物更容易被肉食性动物攻击，它们没有众多的耳目来放哨，几乎发现不了任何食肉动物。后弓兽们眼下顾不上进食，而是不停地向四周寻找着，希望赶紧加入其他后弓兽群体。它们没有发现，有2只刃齿虎正在身后冷冷注视着它们。当这3头后弓兽穿越一片茂密的森林时，它们遭到了刃齿虎的伏击。短暂的咆哮和哀鸣之后，只有2头后弓兽狼狈地跑出了森林，向下面的大草原跑去，而另一头则永远不会再出现了……

在乘坐“贝格尔”号进行的南美洲之旅中，达尔文曾于1834年采到一件动物的脚部化石，并把它和自己在南美洲等地采集到的许多化石都交给了理查德·欧文。经过欧文的描述与发表后，人们才意识到这种动物代表了一个与以往有蹄类完全不同的古老家族。

后弓兽是滑距骨类动物中最后灭绝的一个分支，属于滑距骨目，因在BBC的《与古兽同行》中出场而有几分知名度。滑距骨类在进化历史上种类并不多，样子也很少改变。虽然没什么亲缘关系，但由于平行进化的缘故，它们在身体构造和生活习性上都与马、骆驼等很接近，所以看起来不算太怪异。

后弓兽中最大的一种是更新世的巴塔哥尼亚后弓兽，成年兽身长可超过3米，身高往往也接近3米。其体形非常像现代的骆驼，但骨骼构造却完全不同。它们的牙齿不像有蹄类那样特化，拥有包括门齿、犬齿、前臼齿等在内的全部44颗牙齿，不过已有了较高的齿冠。已发现的牙齿化石显示它们主要吃灌木和禾木植物，在食物缺少的季节也会吃较硬的草。后弓兽的另一个明显特征就是它们的鼻孔高度退缩，后期种类的鼻孔已完全退到了头顶上方。

后弓兽的身体构造与同时期的有蹄类相比还存在不少比较“落后”的特征。可随后的生存竞争显示，它们这样的构造显然是成功的，否则恐怕早就和它那些倒霉的南美洲伙伴们一样，在面对北美洲入侵的有蹄类动物竞争时很快被淘汰出局了。事实上，后弓兽显示出了惊人的适应能力，它们在南北美洲连接后与各种马、鹿和驼类等陌生食草动物共存了200多万年。

在躯体构造上，后弓兽和马、牛等动物一样，脚部也具有滑车构造，只是更加简单原始。它们的脊背很直，在奔跑中无法弯曲。四肢虽比较细长，却是大腿长、小腿短。根据古生物学家的研究，目前认为后弓兽的奔跑速度其实并不快，很难用速度逃脱捕食者的追击。但其脚和关节构造显示，它们可能会凭借在奔跑中的突然拐弯来甩掉猛兽的追逐。

虽然后弓兽类在面对环境的激烈改变和进步有蹄类动物的竞争

中都成功幸存,但它们还是在更新世时灭绝了。这些动物适应能力非常强,人们感到很困惑,不知道它们为何会走向灭绝。解释这一切,或许就是古生物学家的下一个课题。

恐狼

这里是3万年前的美国加州南部,一块尚无人踏足的土地。灌木丛中散布着几个小水潭,在薄薄的一层水面下,黑黝黝黏糊糊的沥青不断从地层深处渗出,任何踏入其中的生灵都将被吞噬。通常几年都未必有一个倒霉鬼掉入其中,不过今天就有一头年轻的雄野牛在水潭中悲鸣着,四肢都已被沥青牢牢粘住。它的挣扎只能使身体陷得更深,头颅和脊背也沾上了一团团的黑色焦油。水潭四周,十几只恐狼注视着它,等待着机会。它们的身体比狼大一圈,头颅和四肢像斗犬一样粗壮,目光中透着杀气。

史前动物档案

中文名称:恐狼

生存年代:晚更新世

生物学分类:食肉目

主要化石产地:美洲

体形特征:身长1.5~2.0米,肩高约1.0米

食性:肉食性

释义:恐怖的狼

看见野牛的挣扎越来越无力，一只健硕的雄恐狼纵身跃到了它的背上，接着又有几只跳进水潭。然而它们刚撕下第一块肉，就猛然发现自己也和野牛一样陷入了绝境，无法把身体从沥青中摆脱出来。一时间，悲惨的嚎叫声响彻在水潭上空。没有进入陷阱的恐狼瑟缩了，徘徊了一阵后渐渐散去。不幸的贪食者们则慢慢沉入沥青湖深处，直到3万年后借助人类之手才重见天日……

作为有史以来最大的野生犬亚科动物，恐狼在冰河时代的北美洲可是个重要的角色。不过，其实它们比今天的狼大不了多少，身长1.5至2米，肩高1米左右，平均体重为50千克，大者可接近80千克。

恐狼出现在大约40万年前，直到冰河期即将结束的1万年前灭绝。在此期间，它们一直与生存至今的狼共同生活在美洲大地上。也许有人会产生疑问，这两种狼如何共存？其实，根据化石分析，恐狼的身体结构与狼有许多区别，并不是对现代狼的简单放大。与今天的狼相比，恐狼的身躯和四肢更加短粗结实，肩膀宽阔，脑袋大而沉重（但平均脑量比狼要低），双颌及牙齿更加强劲有力。这样的体形决定它们在速度和耐力上都比狼逊色些，智力也略差，但却拥有鬣狗般的可怕咬力和更壮实的体魄。此外，已发现的恐狼牙齿化石大都严重磨损，说明它们经常啃食大型动物的骨头。而且在美国加州的拉布雷亚沥青坑中，恐狼的遗骸达3600余具，数量远多于其他食肉兽。这似乎表明恐狼可能并非剽悍的猎手，而是智力不高、以拣食尸体为生的清道夫角色。

不过情况并非如此简单。毕竟，曾被认为是草原小丑的斑鬣狗已被平反，在现代哺乳类中也不存在纯粹的食腐动物，尤其像恐狼这样体形大、种群数量多的物种仅靠捡残羹冷炙是难以养活自己的。

恐狼相对笨重但强壮的身躯，不仅在抢夺食物上占优势，也更适

合捕捉大型而不擅奔跑的猎物，如北美野牛、大角野牛和各种地懒；另外西方马和各种大中型鹿类可能也是它们的主要捕食对象之一，因为在一些恐狼的化石上发现了鹿角、马蹄留下的伤痕。当然，它们也不会拒绝垂死的动物或现成的尸体。在同样以野牛为主食且更为巨大的拟狮、刃齿虎面前，它们可能是凭借犬科动物的优势——团结协作、忍耐性和快速的生殖力而守住了自己的一方空间。

人类进入美洲后不久，恐狼就和其他许多美洲大型动物一起灭绝了。也许是捕食大型动物的习惯使它们失去了食物，也许是缺乏与亚洲的接触使它们无法抵御新的细菌病毒，总之它们的消失和它们的具体相貌一样，只给现代人留下了一个值得探讨的谜。

原始牛

晚更新世的中国东北，大地上白雪皑皑。森林里除了针叶树还挂着树叶外，多数树木都成了光秃秃的枝杈，很多松鼠在几棵倒下的老树上来回窜跳着，在它们旁边，一群原始牛正努力地刨开积雪，寻找下面的植物。它们不会在冬季离开这里，因为它们比其他动物更适应这里寒冷的气候，也知道怎么在植物贫乏的冬季找到足够的食物。

原始牛群在林地之间缓慢移动，很快把地上所剩不多的植物吃光了。它们开始向下一片开阔林地转移，穿过河面上的冰层陆续来到对岸的空地上，还没等最后几头原始牛踏上河滩，突然在牛群的前方和两侧冒出了20多个手执长矛、投枪的原始猎人，呐喊着将手中的武器掷向这些巨兽，牛群在仓皇中四散奔逃，其中有两头慌不择路，掉进了岸边的一条冰缝中。它们惊慌地叫着，试图爬上来。虽然水很浅，

史前动物档案

中文名称：原始牛

生存年代：更新世～近代(1627年)

生物学分类：偶蹄目

主要化石产地：欧洲、亚洲、非洲

体形特征：雄性身高约2．0米，雌性身高1．7～1．8米

食性：植食性

释义：原始的牛

但冰缝周围的冰面非常滑，它们露在外面的前蹄怎么也使不上劲，力气很快就消耗光了。顷刻间，这两头落水原始牛的伙伴早已跑得不见踪影，而兴奋得两眼放光的猎人们纷纷上前，将矛尖对准了它们……

人们对原始牛的了解可能比其他史前野牛丰富得多，因为在300多年前它们还和人类生活在一起。此外正如其名，原始牛是现代多数家牛的祖先。它们是一种适应能力很强的牛，曾广泛分布于亚欧大陆和北非地区。成年雄原始牛身长可以达到3米左右，身高超过2米，体重超过1吨；而雌性则矮小一些，只有1.7至1.8米。

据记载，原始牛像今天的美洲野牛那样经常集结成较大的群体，而生存方式却类似如今还有少量残存的欧洲野牛。原始牛虽然也会出没在草原上，却更喜欢生活在开阔的林地或灌木丛中。

在史前时期，原始牛在欧洲最为繁盛，亚洲虽相对较少，但数量也很多，以俄罗斯和中国出土的化石最为丰富。国内通常称原始牛为“原牛”，其实只是同物异名而已。在中国东北、内蒙古、华北、河南、甘肃等地都曾经发现过相当数量的原始牛化石，这些化石往往是在江河中或河岸附近被找到的，而且化石多显示出被侵蚀的痕迹，这说明它们很可能死于洪水，或者在死后曾被水流搬动过。

一般认为原始牛是典型的冰河期动物，起码也是比较适应干冷气候的，但后来发现它们也能适应较温暖的环境。它们不仅出现在猛犸象、披毛犀等大型动物当中，在欧洲它们经常和欧洲野牛生活在一起，而在亚洲则经常和东北野牛一起出现。这意味着原始牛也会生活在林地中，不过主要应是比较开阔的林地而不是森林深处。

原始牛在非洲于晚更新世相继灭绝，只有少数在亚洲、欧洲幸存下来。分布在中国的原始牛似乎一直坚持到3000多年前才灭绝。而欧洲地区的原始牛在人类的捕杀下数量不断减少，到大约11世纪时只有波兰、立陶宛和东普鲁士还生存着少量的原始牛。

大约1359年，除了波兰外，东普鲁士、立陶宛的原始牛也相继灭绝了。到了大约1599～1602年，人们只在波兰西部的哥阔森林中发现了20多头原始牛。到了1620年，这最后一群原始牛中只剩下一头，这头原始牛一直活到1627年，它的死去，意味着征服过三大洲的原始牛家族就此彻底灭绝。一个曾经在更新世原野上驰骋了百万年的强大物种，终究还是臣服于人类膨胀的欲望中。